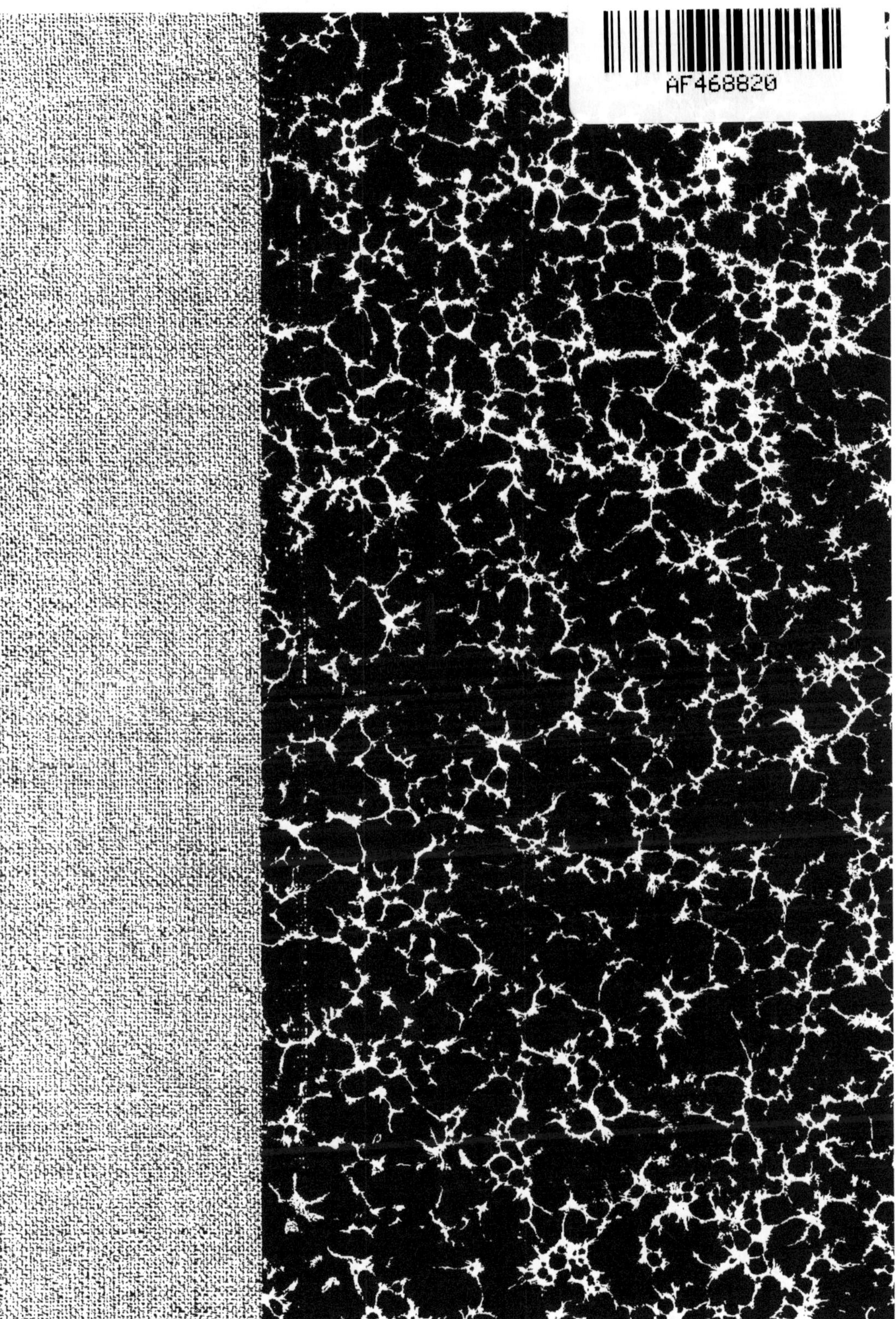

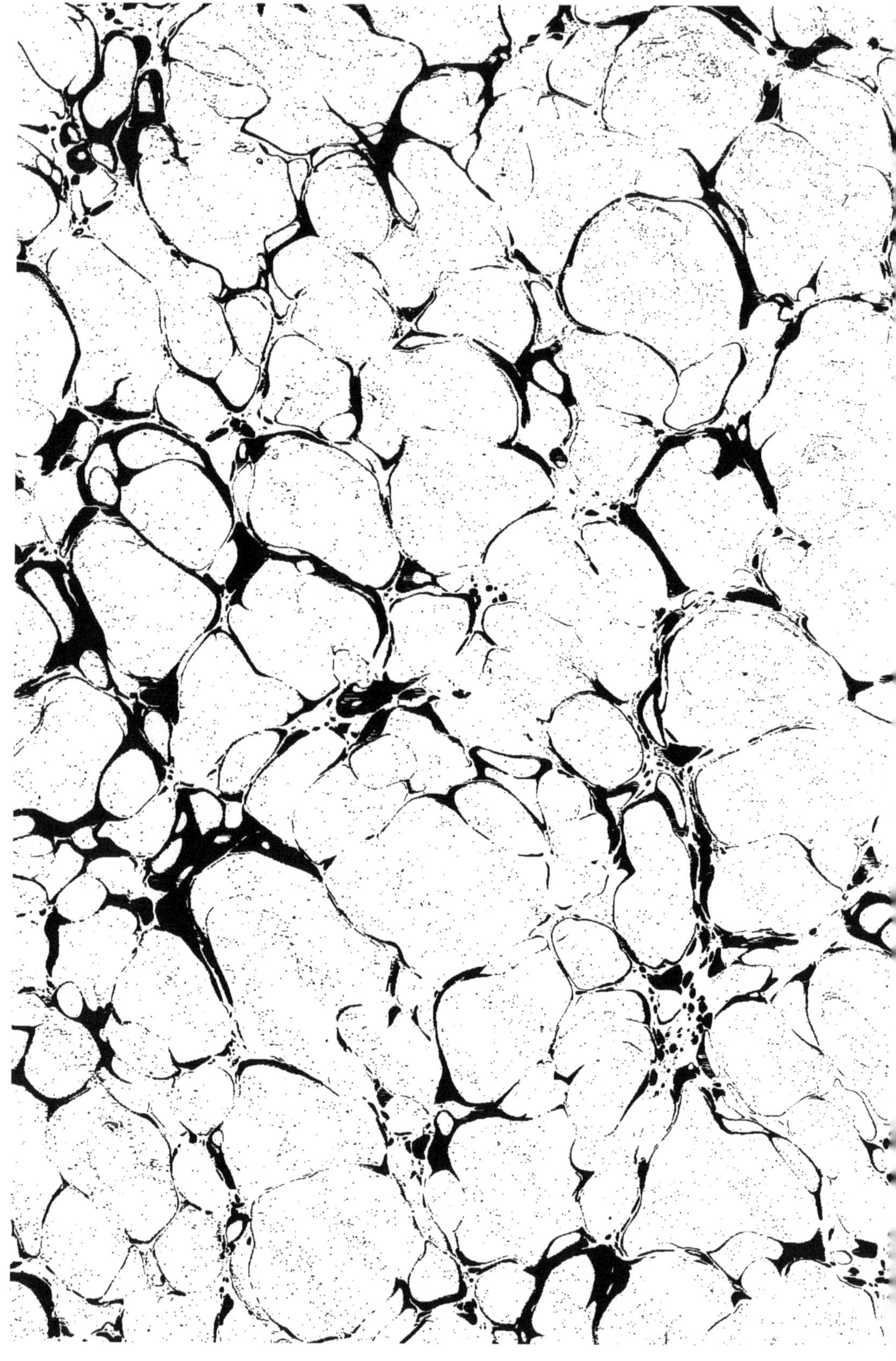

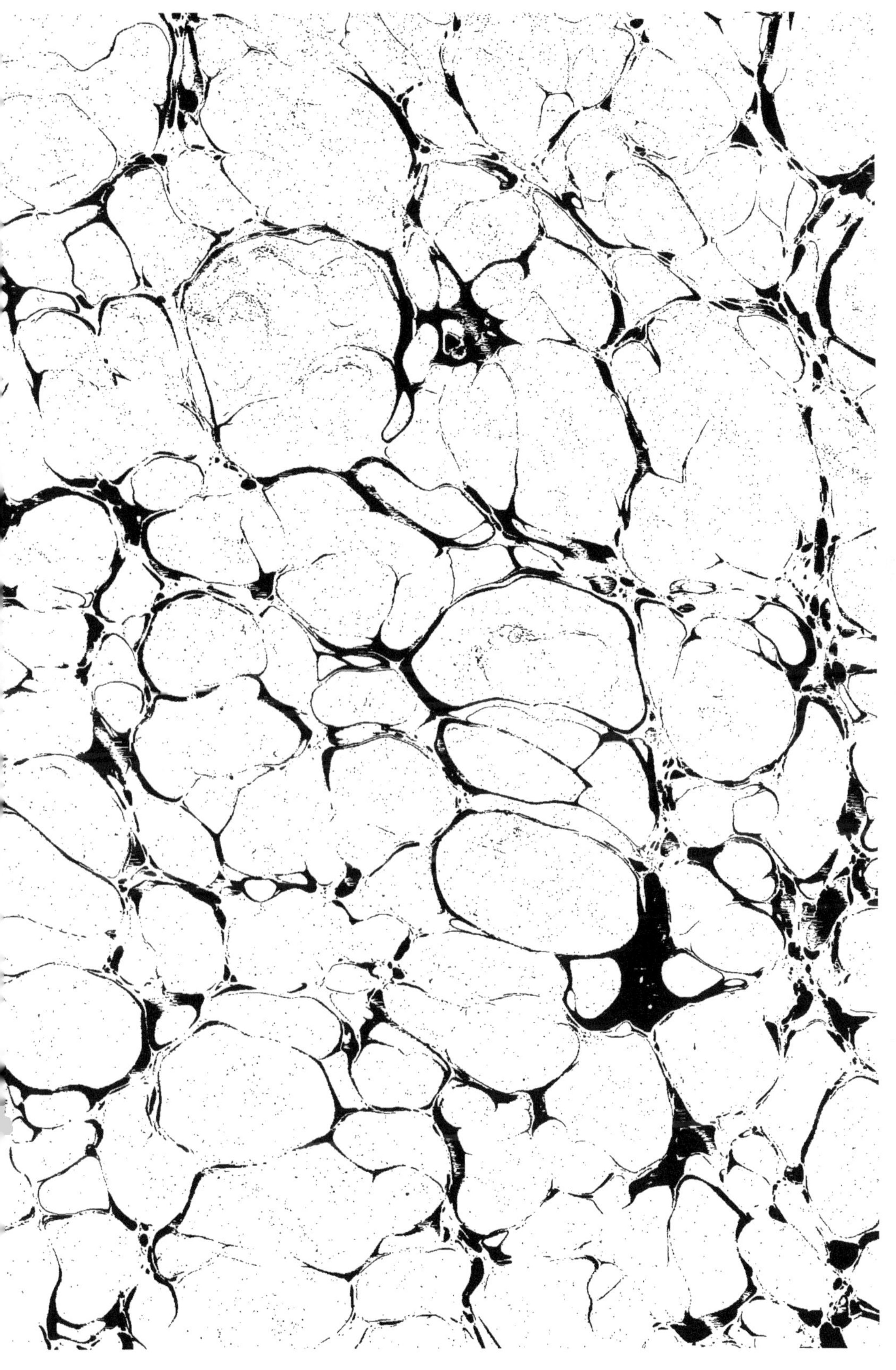

LA COÙR D'UN RAJAH

2e SÉRIE GRAND IN-8°.

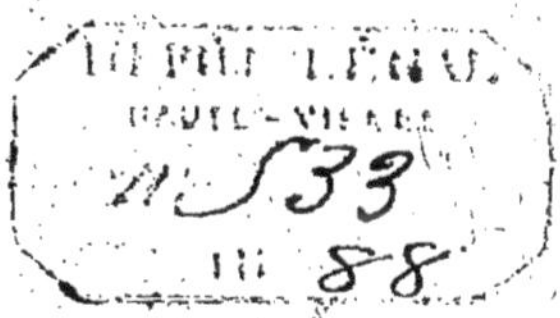

LA COUR
D'UN RAJAH

SOUVENIRS D'UN EUROPÉEN

TRADUIT DE L'ANGLAIS

PAR

BÉNÉDICT-HENRI RÉVOIL

SIX GRAVURES

LIMOGES
EUGÈNE ARDANT ET Cie
ÉDITEURS

AVANT-PROPOS

La cour de Nussir-u-Deen offre un tableau piquant des mœurs de l'Hindoustan, à l'époque où ce pays lointain était encore soumis à la domination de la Compagnie des Indes.

Nussir-u-Deen a été l'un des hommes les plus marquants de notre siècle, non point qu'il se soit signalé par des actions d'éclat, des conquêtes, ou des lois destinées à faire le bonheur de son peuple, mais parce qu'il représentait à lui seul le type de la génération actuelle des riches seigneurs de l'Inde.

Comme étude, ce volume est un des plus curieux de la littérature anglaise. C'est ce qui nous à déterminé à en donner une traduction française. B.-H. R.

SOUVENIRS

DE

LA COUR D'UN RAJAH

I. — Le souverain de Luknow.

Aspect de la ville de Luknow. — L'armée du pays. — Les bêtes de somme. — La province et le royaume d'Oude. — Le Durbar. — Audience particulière du roi. — Le Nuzza. — Ennuis de la royauté. — Les études du souverain. — Le barbier premier ministre. — Le dîner royal.

Lorsque j'arrivai pour la première fois à Luknow, Nussir-u-Deen, fils et successeur de Ghazi-u-Deen, premier roi d'Oude, gouvernait le pays en souverain.

Pendant mon séjour à Calcutta, on m'avait raconté des histoires étranges sur la ville de Luknow et sur la cour du roi; on m'avait parlé de son immense ménagerie, vanté ses bontés pour les Européens qui n'appartenaient pas à la Compagnie des Indes; il avait été question de ses goûts belliqueux et surtout du courage de ses sujets.

Jamais, m'avait-on dit, vous ne verrez plus de massues, de boucliers, de lances et d'épées que dans les mains des hab tants de Luknow, alors même qu'ils se promènent paisiblement dans les rues. A vrai dire, on m'avait si souvent menti, en me racontant toutes ces histoires et bien d'autres, que je m'attendais en cette circonstance à être fort désappointé, mais pourtant je ne fus point trompé, car cette fois la réalité confirma les faits énoncés.

Ce qui me surprit surtout en arrivant à Luknow, ce fut le grandiose des bâtiments appelés le palais du roi. Ce n'était pas précisément un palais, mais plutôt une série de palais qui s'étendaient sur les rives de Goomty, fleuve dont les eaux arrosent la ville. Cet assemblage d'édifices me rappelait le sérail de Constantinople, celui du Khan de Teheran, et le château impérial du monarque de Pékin.

Dans tous les pays orientaux, les palais servent plutôt d'habitation aux ministres du gouvernement qu'au roi lui-même. Ce sont de petites villes composées d'une enfilade de bâtiments renfermant le personnel et les domestiques qui y sont attachés. Tout cela est entremêlé de cours, de jardins, de kiosques, de sources, de bassins et de squares, au milieu desquels sont placés les bureaux des principaux ministres d'Etat; tel était le palais de la ville de Luknow.

D'un côté du ruisseau le Goomty, lequel ne pouvait point passer pour un fleuve, car il avait à peine la largeur d'une grande rue de Londres, s'élevait le palais royal, et sur l'autre rive on apercevait le Rumna, autrement dit le parc dans lequel étaient entretenus les animaux composant la ménagerie. Le nombre de ces bêtes féroces et la variété de leurs espèces dépassaient tout ce que l'on peut imaginer dans ce genre. Il y avait là des troupeaux d'éléphants, des tigres, des rhinocéros, des antilopes, des léopards *cheetahs*, des lynx, des chats de Perse, des chiens de la Chine, et beaucoup d'autres animaux, les uns mollement étendus sur l'herbe, se réchauffant au soleil comme le font les moutons et les vaches dans un parc d'Angleterre, les autres se débattant et hurlant dans leurs cages de fer.

L'architecture extérieure du palais que les habitants du pays appelaient Furcid-Buksh n'avait rien de remarquable que l'espace qu'elle occupait; c'est aussi la seule chose qui me frappa, car on ne m'en avait point parlé, tandis qu'on m'avait vanté la magnificence des appartements intérieurs.

Je n'éprouvai pas non plus de désappointement en parcourant les rues de Luknow. Le voyageur Héber avait comparé ces rues à celles de Dresde; d'autres personnes ont dit que Luknow ressemblait à Moscou. Je ne suis pas à même, et pour cause, de blâmer ou d'approuver cette comparaison; mais, à mon avis, la capitale d'Oude ressemble plutôt, eu égard à l'étroitesse de ses rues, aux chameaux qui les parcourent et aux bazars que l'on rencontre à chaque pas, à la partie basse de la ville du Caire, en Egypte, et pourtant, ni l'une ni l'autre de ces villes ne peuvent, j'en suis sûr, donner une idée de Luknow.

Dans aucune de ces capitales on ne trouvera la population portant des armes; à Moscou, comme au Caire, on rencontre de temps à autre des hommes dont la ceinture est ornée d'un poignard, tandis qu'à Luknow, tout le monde est armé les uns d'une massue, les autres d'un pistolet, ceux-ci d'un fusil et ceux-là d'une épée recourbée, appelée un « tulwar, » et chacun y porte un bouclier. Ceux-là même qui s'occupent de commerce ne sortent pas sans le tulwar ; les promeneurs n'oublient jamais leurs pistolets et leur bouclier, qui font partie de leur costume.

Ce bouclier est fait d'une peau de bison tendue sur un morceau de bois par des clous de cuivre ; on le porte généralement sur l'épaule gauche ; aussi, lorsqu'on regarde la figure ornée de longues et épaisses moustaches des Rajpoots et des Patans, lorsqu'on examine la barbe noire des Musulmans, cette épée et ce bouclier donnent aux citoyens les plus inoffensifs un air d'audace des plus pittoresques.

A vrai dire, il n'y a rien d'étonnant à cela, car le royaume d'Oude fournissait à la Compagnie des Indes plus de soldats qu'aucune autre contrée de l'Asie. La présidence du Bengale était défendue par une armée entièrement composée de ces soldats. Dès leur plus tendre enfance, les habitants de Luknow sont élevés dans l'amour de la profession militaire, les enfants tirent l'arc ou lancent des javelots ; ceux qui viennent de naître reçoivent pour s'amuser des tulwars et des pistolets de bois, et cela remplace pour eux la crécelle que nos nourrices européennes donnent aux petits êtres confiés à leurs soins.

Les rues de la ville avaient pour moi un charme tout nouveau ; je me rappelais les contes qui avaient bercé mon enfance, ces romans fantastiques dont les personnages sont des héros et dont les actions sont des faits d'éclat.

Ce n'est point ni à Dresde ni à Moscou que l'on trouverait des éléphants employés comme bêtes de somme. Rien n'est plus bizarre que de voir ces animaux gigantesques se glisser à pas lents dans les rues étroites. Souvent l'un d'eux barre complètement le passage ; on croirait voir un des chameaux chargés de marchandises dont les corbeilles remplies touchent les deux murailles d'une rue du Caire.

A Luknow, les éléphants et les chameaux sont en nombre égal ; dans la partie basse et mal propre de la ville, là où l'on trouve les bazars, on rencontre rarement des chevaux ; tous les transports sont faits par des chameaux et des éléphants. J'avouerai, en passant, que lorsque j'aperçus pour la première fois un éléphant ou un chameau chargé de marchandises, se frayant un passage dans les rues étroites de Luknow, je ne pus m'empêcher de rire, sans songer même que je courais le risque d'être écrasé.

Parlerai-je aussi du contraste qui existe entre les Hindous et la population musulmane, qui, tout en se ressemblant par leur habitude de marcher armés, n'ont point le moindre rapport dans leurs mœurs et leurs usages?

Luknow est une ville composée d'environ trois cent mille habitants, dont les deux tiers appartiennent à la race hindoue et sont la base de la population ouvrière et commerçante; l'autre tiers, composé de Musulmans, forme la cour du roi d'Oude et l'aristocratie du pays. Avant de continuer ce chapitre, il est bon d'apprendre à nos lecteurs quel est le pays dont Luknow est la capitale.

A l'époque où lord Welleslay arriva aux Indes avec le titre de gouverneur général, vers la fin du siècle dernier, le royaume d'Oude était bien plus vaste que l'Angleterre. C'était une province de l'empire du Grand-Mogol, et celui qui régnait s'appelait le Nawab Visier. Warren Hastings, quelques années auparavant, avait rendu fort malheureux le Nawab d'Oude par le rapt qu'il avait commis.

Aussi, Burke ne manqua-t-il pas de tonner contre cette honteuse conduite en la dénonçant à ses compatriotes, et le Nawab d'Oude passa en Europe pour une victime, tandis qu'au fond il était enchanté que les veuves de son prédécesseur, Bohw Begum et une autre femme, eussent été dépouillées à sa place. Visier n'était qu'un fils adoptif du feu roi d'Oude.

Lord Welleslay, à son arrivée dans les Indes, trouva l'Oude un des pays les plus fidèles à la cause de la Grande-Bretagne. Aussi, pour récompenser ce peuple de sa fidélité, se hâta-t-il d'annexer une partie du pays à la présidence du Bengale, et c'était là, avouons-le sans rire, le meilleur moyen de prouver à ces Hindous que l'Angleterre était contre eux.

Le marquis de Hastings emprunta deux *cores* de roupies à Ghazi-u-Deen, c'est-à-dire deux millions de livres sterling, et comme gage de cet emprunt il donna au monarque abusé un territoire dénudé et sablonneux, situé au pied des monts Himalaya, et appelé Ter-aïd, qu'il avait conquis sur le Népaul. Il fit plus encore pour lui, car au lieu d'appeler Ghazi-u-Deen : Son Altesse le Nawab, il le gratifia du titre de « Sa Majesté le roi d'Oude. » Ghazi-u-Deen feignit d'être content, c'était ce qu'il avait de mieux à faire. Mais entre nous, amis lecteurs, il faut convenir que Warren Hastings, lord Teignmouth, lord Welleslay, lord Hastings et lord Buckland, n'eussent jamais osé agir de la sorte dans la vie privée, si, au lieu d'être gouverneurs généraux des Indes, ils eussent été seulement les amis de Ghazi-u-Deen.

Lorsque ce pauvre Nawab eut le malheur d'être forcé de se

soumettre à la Compagnie des Indes, en l'année 1819, il avait un fils qui lui succéda depuis, en 1827. Nussir-u-Deen avait environ trente ans lorsque je visitai Luknow. Le royaume d'Oude, tel qu'il reste morcelé par l'Angleterre, forme un triangle qui s'étend du Népaul au Gange.

La partie la plus large se trouve au nord vers le Népaul, tandis que la pointe borde le fleuve sacré. Les deux parties nord-ouest et sud-ouest, dans lesquelles se trouve compris le Ter-aïd, si généreusement donné par le marquis de Hastings, forment la pointe du triangle.

Le district de Ter-aïd est très-peuplé... d'animaux sauvages, et sa richesse consiste en... herbes piquantes et d'un usage complètement inutile.

Quelque pillé et saccagé, quelque démembré qu'ait été le royaume d'Oude par les gouverneurs généraux qui se sont succédé aux Indes, ce pays est encore bien plus peuplé qu'aucun des Etats de l'Allemagne, excepté pourtant la Prusse et l'Autriche. Son étendue dépasse celle du Danemark ou bien encore de la Hollande et de la Belgique réunies ensemble, ou en dernier lieu de la Suisse, de la Saxe ou du Wurtemberg ne formant qu'un seul royaume. Si Oude se trouvait en Europe, son importance politique dépasserait celle de la Bavière ou de Naples, mais en Asie, ce royaume compte à peine, et j'ai peut-être eu tort d'en parler si au long.

Je m'étais rendu à Luknow pour mener à bonne fin quelques affaires particulières et non point pour visiter le pays, pas même en qualité de curieux, car l'honorable Compagnie des Indes n'aime point à avoir affaire à des gens qui pourraient raconter ce qui se passe dans ses domaines. Je rencontrai à Luknow un ami attaché à la cour du roi; grâce à lui, j'obtins une audience de Sa Majesté, et le motif qui me poussa à chercher à voir ce monarque était tout simplement celui de me rendre compte, par mes yeux, de la majesté d'un souverain hindou. Depuis que Delhi a perdu son ancienne splendeur, et que celui qui gouverne cet empire n'est plus qu'un mannequin à la solde de l'Angleterre, il n'y a point dans les Indes une autre cour que celle d'Oude dont la richesse et la magnificence méritent une simple mention.

Une des causes qui engagèrent le roi de Luknow à me traiter favorablement, fut sans doute celle que je ne lui avais pas été présenté par le Résident anglais, personnage à la solde de la Compagnie des Indes, dont les fonctions sont de veiller aux intérêts anglais et d'espionner la conduite particulière du roi.

L'ami que j'avais rencontré me parla d'un emploi vacant dans la maison royale, et il m'assura que si je me plaçais sur le passage de Sa Majesté, je serais indubitablement bien accueilli, surtout si je lui offrais le présent d'usage.

Aucun Européen ne peut entrer au service du roi d'Oude sans l'approbation, pour ne pas dire la permission du Résident anglais; il était alors important que j'obtinsse les bonnes grâces de ce haut personnage. On me présenta donc à ce grand *Saheb*, individu ridicule, dont on aurait ri à Londres, s'il eût été un simple citoyen, et pourtant cet homme-là exerçait un pouvoir bien plus illimité sur le roi, la cour et la population de cinquante millions d'habitants du royaume d'Oude, que n'eût pu le faire dans ses Etats aucun souverain d'Europe.

Lorsque j'eus fait sa connaissance, nous échangeâmes quelques lettres, et Sa Grandeur m'accorda enfin son bon vouloir, à la condition expresse que je n'interviendrais en aucune façon dans la politique d'Oude, que je ne prendrais point part aux intrigues des ministres qui se disputeraient entre eux le pouvoir, et que je ne me mêlerais point des querelles des différents « zémendars, » autrement dit les propriétaires les plus riches du territoire. Telles furent les conditions grâce auxquelles il me fut permis d'entrer au service de Sa Majesté le roi d'Oude.

Dès que les préliminaires de mon engagement eurent été terminés, il ne me resta plus qu'à paraître devant le roi, mais cette fois ce devait être en audience particulière. Personne ne doit approcher ce monarque les mains vides. On doit toujours lui offrir un *nuzza*, c'est-à-dire un présent, et chacun se conforme à cet usage, même au lever du roi, qui a lieu chaque jour; du reste, cette habitude n'est point ruineuse, car Sa Majesté rend toujours un bœuf pour un œuf.

Avant l'époque de ma présentation, j'avais toujours aperçu le roi en grande cérémonie, assis sur son trône, à l'extrémité de la galerie de réception. Je m'attendais bien à le voir accroupi, les jambes croisées sur un coussin; mais au contraire, Nussir-u-Deen était assis sur un fauteuil d'or, revêtu d'un riche costume oriental, portant sur son front une couronne ornée de diamants et de plumes d'oiseau de paradis. A vrai dire pourtant, le monarque et l'appartement dans lequel il siégeait ressemblaient plus à un roi et à un salon d'Europe que je n'aurais pu me l'imaginer. Il me fut seulement permis, dans ces occasions, de donner un simple coup d'œil à cette pseudo-magnificence, et c'est à peine si je pus me rendre compte des traits de la figure du roi. Le jour où je fus reçu en audience particulière, Nussir-u-Deen se promenait dans un des jardins du palais, accompagné de quelques-unes des personnes attachées à sa maison, qui toutes étaient originaires d'Europe.

Demeuré debout à l'extrémité d'une allée, attendant que le roi passât à ma portée, mon présent, qui se composait de cinq mohurs (1) d'or, se trouvait placé sur ma main ouverte, au centre d'un mouchoir de fine mousseline dont les angles retombaient de chaque côté. De ma main gauche, je supportais ma main droite, celle qui tenait le présent, et c'est dans cette attitude que j'attendis la majesté hindoue.

C'était la première leçon d'étiquette que je mettais en pratique, et tandis que je me tenais dans cette position ridicule, je ne pus m'empêcher de rire, car je pensais, avec juste raison, que j'avais l'air d'un véritable imbécile. J'avais posé mon chapeau sur un banc placé près de moi, et je restais ainsi la tête découverte, en plein soleil, malgré une chaleur accablante. Avant que le roi se fût approché de moi, j'étais tout en sueur. Enfin, Nussir-u-Deen et ses serviteurs ne furent plus qu'à quelques pas. Le roi était costumé à l'européenne, revêtu d'un habillement complet de drap noir et la tête recouverte d'un de ces tronçons de tuyaux de poêle que l'on appelle en Europe un chapeau.

L'expression de son visage était agréable, son teint légèrement bistré, ses cheveux noirs, ses favoris et ses moustaches de la même couleur, formaient un contraste bizarre avec la couleur de ses joues au sommet desquelles dardaient deux yeux noirs d'un brillant et d'une astuce toute particulière. Le roi était fort maigre, sa taille ne dépassait pas un mètre et demi, il causait en anglais avec ceux qui l'accompagnaient. Quoique j'entendisse fort bien leur conversation, je ne me rappelle plus aujourd'hui à quel sujet elle avait trait, et, à dire vrai, j'étais bien trop préoccupé pour y faire la moindre attention.

Dès que le roi fut à trois pas de ma personne, il commença à sourire, il s'avança encore, plaça sa main gauche sous la mienne, et toucha les pièces d'or du bout des doigts de la main droite en disant :

— Ainsi, vous désirez entrer à mon service?

— Oui, Votre Majesté, lui répondis-je.

— Nous serons de fort bons amis, car j'aime beaucoup les Anglais.

(1) Le mohur d'or équivaut à 16 roupies et représente une valeur de 32 shillings.

Et en disant ces paroles, il continua son chemin en reprenant avec un courtisan la conversation interrompue.

Je m'emparai de mon chapeau, et je suivis Nussir-u-Deen jusque dans son palais.

Les salles de cet édifice étaient généralement très-vastes et ornées de nombreux candélabres du plus riche travail, comme aussi de tableaux aux cadres splendides. A mon goût, chacun de ces salons était trop encombré, et l'effet que cela produisait sur moi était plus celui de l'étonnement que celui du plaisir des yeux : il y avait là des lustres d'une grandeur sans pareille, des torchères comme on n'en voit nulle part, des meubles faits des bois les plus rares, incrustés d'ivoire, plaqués à la manière chinoise; des panoplies d'armes précieuses où les diamants étaient incrustés dans le fer et dans l'or, des boucliers aux ornements splendides; mais il y avait une si grande quantité de ces objets, que cette abondance trahissait un manque de tact. La salle à manger particulière, celle où le roi donnait à dîner à ses amis les plus intimes, me parut être l'appartement le plus convenable du palais. Tout y était simple, et à peu d'exception près, ce « *dining-room* » me rappelait ceux d'Angleterre.

Le roi d'Oude donnait une fois par mois un déjeuner public aux officiers anglais qui commandaient ses régiments, et tout cet état-major arrivait au palais de différents cantonnements, quelques-uns venant de cinq à six milles au-delà de Luknow et de l'autre côté du fleuve Goomty. Nussir-u-Deen conviait quelquefois aussi à dîner le Résident et ses amis, mais tous ces dîners officiels ennuyait le monarque hindou, et l'irritaient au suprême degré.

— Dieu merci! disait-il souvent devant moi, — à la fin de toutes ces réceptions cérémonieuses, — Dieu merci! les voilà partis! Buvons tranquillement un verre de vin! Boppery-Bopp (1) que je hais tous ces personnages stupides et ennuyeux! et tout en disant ces paroles, le roi bâillait et s'étirait les bras, tandis qu'il arrachait de son front le bonnet orné de diamants qu'il portait et le jetait à l'autre extrémité de l'appartement.

Le premier soir de mon arrivée au palais, le roi donnait un de ses dîners particuliers; autour de sa table se trouvaient les cinq Européens appartenant à sa maison. L'un d'eux avait pour titre celui de « *Professeur du roi* » et pour mission l'enseignement de l'anglais à Nussir-u-Deen. Depuis longtemps, à différentes

(1) Ces mots, très en usage dans le pays d'Oude, sont une exclamation qui correspond à ces locutions européennes : Oh! mon Dieu! Dieu merci, etc...

reprises, le roi avait voulu consacrer une heure par jour à étudier la langue anglaise, qu'il désirait pouvoir parler couramment, et cependant, malgré tous ses efforts, il était souvent forcé de s'exprimer à l'aide de mots hindous. J'ai eu souvent l'occasion de voir Nussir-u-Deen assis avec son professeur devant une table sur laquelle quelques livres étaient épars.

— Voyons, voyons, mon cher maître, — car c'est ainsi qu'il appelait son professeur, — commençons tout de suite ma leçon.

A la manifestation de ce désir, le maître d'école royal déployait un journal ou bien ouvrait un roman et y lisait tout un paragraphe. Puis le roi lisait à son tour ce même passage. Le professeur recommençait la leçon.

— Boppery-Bopp ! ce que nous faisons là est fort ennuyeux, s'écriait Sa Majesté qui bâillait et étendait les bras quand arrivait son tour de lire. Laissons là ce travail et buvons un verre de vin, mon maître.

Naturellement la boisson animait la conversation ; on jetait les livres sur le tapis, et la leçon se terminait *inter pocula*. Du reste, heureusement pour la tête de Sa Majesté et celle de son instituteur, cette leçon ne durait pas au-delà d'un quart d'heure ou vingt-cinq minutes ; et pour faire cet agréable métier, le savant recevait par an une somme ronde de quinze cents livres sterling.

A l'époque de mon entrée au service de Nussir-u-Deen, son maître de langue était très-lié avec lui. Le bibliothécaire du roi jouissait de la même faveur. Un Allemand, qui joignait au talent de peindre celui de faire de la musique, était le troisième favori. Le capitaine des gardes du roi venait ensuite, et enfin nous comptions parmi ces « *mignons* » de la cour de Luknow, le barbier du roi, — un Olivier-le-Daim de race anglaise, — dont l'habileté n'avait pas son égale. J'avouerai au lecteur que j'étais du nombre des cinq personnages que je viens de citer.

Le plus puissant de nous tous était le « *Barbier*, » car son pouvoir, son influence n'entrait nullement en comparaison avec celle du premier ministre du roi, autrement dit du Nawab qui, lui, était natif du pays d'Oude. Le Figaro de Nussir-u-Deen jouissait d'une faveur extrême, et tous les courtisans lui rendaient les plus grands honneurs. La biographie de cet homme, écrite sans passion et sans même ajouter une seule exagération aux faits qui le concernent, formerait un des chapitres les plus fantastiques de l'histoire de la nature humaine. Tout ce que je savais de lui se bornait à ce que je vais dire.

Il était venu jusqu'à Calcutta à bord d'un navire en qualité de mousse et de domestique. A Londres, où cet homme avait appris le métier de coiffeur, il végétait et mourait de faim; aussi quitta-t-il l'Angleterre, et quand il fut arrivé aux Indes, il se hâta en débarquant de reprendre ses ciseaux et ses peignes. Il ne tarda pas à réussir, et pour cela faire, l'intrigant avait saisi toutes les occasions possibles pour se mettre en évidence. Un jour pourtant, il ferma sa boutique, et quittant Calcutta, il remonta le Gange avec une pacotille. Une fois arrivé à Luknow, il fit la connaissance du Résident anglais, le prédécesseur de celui qui était en fonction à l'époque où j'entrai au service du roi d'Oude.

Ce personnage désirait fort trouver quelqu'un capable de rendre à la perruque dont il couvrait son front pelé la frisure et l'éclat de ce couvre-chef poilu quand il était neuf. Le Figaro anglais ne manqua pas cette occasion de prouver son savoir-faire; il rendit à la perruque son lustre d'autrefois, et le Résident put bientôt étaler une chevelure magnifiquement bouclée. A quelques jours de là, le grand « *Saheb* » présentait lui-même au roi le coiffeur incomparable, et le recommandait avec instance à ses bonnes grâces.

Le roi avait une chevelure lisse et se prêtant fort peu à la gracieuseté des boucles onduleuses. Jamais un seul de ses cheveux n'avait dévié de la ligne droite; le barbier réussit pourtant à faire friser ce crin, et le roi ne se sentit pas d'aise et de satisfaction; dès ce moment la fortune du barbier fut décidée. On lui donna pour titre de noblesse celui de « *Sofraz-Khan*, » ce qui signifie illustre chef, et chaque citoyen de Luknow dut désormais courber la tête devant ce grand personnage. Le pauvre mousse d'autrefois était devenu tout-puissant, et quelques mois après, sa fortune était immense. Non-seulement le favori du roi avait de l'or monnayé dans ses coffres, mais encore son maître lui octroya-t-il de nombreuses concessions de terres, et cependant tout cela ne satisfaisait point la cupidite du barbier, car, pour augmenter ses profits, il avait obtenu le droit exclusif de fournir la table du roi du vin et de la bière qui y étaient servis; c'était lui encore qui faisait venir d'Europe tous les objets demandés par le roi et nécessaires à sa maison; aussi les roupies s'empilaient-elles dans les coffres du « *chevalier au fer à friser et du peigne.* »

Nussir-u-Deen cherchait tous les jours les moyens d'accorder de nouveaux honneurs à son barbier chéri. Il avait en lui la confiance la plus illimitée, et peu à peu cet individu avait été admis à la table royale pour prendre part aux repas avec les autres officiers du souverain. Bien plus encore, Sa Majesté ne touchait jamais à une goutte de vin si la bouteille n'avait été débouchée par son féal ami le barbier.

Nussir-u-Deen avait une telle crainte d'être empoisonné par les membres de sa famille, que chaque bouteille du vin de sa cave était cachetée dans la maison du barbier avant de paraître sur la table ; bien plus, avant qu'on introduisît le tire-bouchon dans le goulot de la bouteille, ce roitelet soupçonneux avait grand soin d'examiner la cire pour savoir si elle était intacte. Avant que le roi portât son verre à ses lèvres, le barbier ne manquait jamais de goûter lui-même le vin qu'il avait versé à son maître. Telle était l'étiquette au palais de Luknow, lorsque, pour la première fois, je m'assis à la table de Nussir-u-Deen.

La confiance accordée par le monarque à son favori fut bientôt connue dans l'Inde ou tout au moins dans le Bengale. Ce « vagabond de bas étage, » comme le nommait le journal de Calcutta, devint bientôt le point de mire de tous les écrivains du pays, qui décochèrent contre lui des attaques et des sarcasmes de toute sorte, en prose et en vers ; ce dont le parvenu s'inquiéta fort peu, aussi longtemps qu'il eut sa fortune à faire. Ces écrivailleurs avaient pour eux l'esprit et le mordant satirique, mais lui possédait beaucoup d'argent ; aussi la compensation paraissait-elle satisfaisante au barbier.

Parmi tous les journaux qui déployèrent contre le barbier le plus d'acrimonie et de haine sarcastique, nous citerons l'*Agra Uckbar*, qui, depuis lors, a cessé de paraître. Quelque temps avant mon départ de Luknow, le favori du roi prit à ses gages un jeune employé de la maison du Résident, à qui il confia la mission de répondre dans un journal de Calcutta, dont il était le correspondant, aux attaques de l'*Agra Uckbar*, et pour ce service, le journaliste recevait une somme mensuelle de dix livres sterling. En somme, si le barbier n'eut point à ses gages un poète qui célébrât en vers ses vertus et sa gloire, il n'en eût pas moins son correspondant attitré, comme le *Times* ou le *Morning Herald* de Londres.

Lorsque j'eus été présenté à la table du roi, mon plus grand désir fut, on le pense bien, de connaître le monarque et son barbier, et je m'empressai de satisfaire ma curiosité.

II. — Les distractions de Nussir-u-Deen.

Le dîner du roi. — L'étiquette de la cour. — Les domestiques. — Les femmes. — Les occupations du barbier. — Ce qui se passait après dîner. — Les marionnettes. — L'esprit du roi. — Le rideau de gaze. — Le pavillon du lac. — Les jeux de Sa Majesté. — Une gloire européenne. — Les pantoufles et les turbans. — Le cheval fondu. — Bataille à coup de fleurs.

On attendait toujours la venue du roi dans la salle qui précédait la salle à manger. Quelques secondes avant neuf heures, le moment ordinaire où l'on se mettait à table dans le palais de Luknow, Nussir-u-Deen s'avançait appuyé sur le bras du barbier son favori. Le roi était plus grand que cet homme, mais celui-ci offrait aux yeux des formes plus musculaires et une santé des plus robustes. Le favori royal appartenait indubitablement à la race de ceux qui prennent en largeur ce qui leur manque en hauteur. Le costume de Sa Majesté était pareil à celui qu'il portait dans le jardin, avec la seule différence qu'il avait remplacé la redingote noire par un habit de drap de même couleur; une cravate de satin noir et des bottes vernies complétaient cet uniforme de gentleman. Autant le monarque avait à part lui un air d'élégance et de grâce innée, autant son compagnon offrait à la vue le type le plus indélébile d'un homme vulgaire et de bas étage. Le barbier était habillé comme son maître, ce qui rendait le contraste d'autant plus grand eu égard à la corpulence de l'un et à la maigreur de l'autre.

Au moment où nous nous assîmes autour de la table royale, la scène que nous vîmes me remplit d'étonnement, car c'était un mélange des plus bizarres de tout le confortable de l'Europe et de la magnificence orientale. Le roi s'était assis sur un fauteuil doré placé sur une estrade élevée de quelques lignes au-dessus du tapis. Il occupait le milieu d'un des côtés de la table et nous prîmes place à sa droite et à sa gauche. Le côté opposé à l'endroit où s'était assis Nussir-u-Deen demeura vide, non-seulement pour donner passage aux domestiques qui servaient et desservaient le dîner, mais aussi pour permettre à Sa Majesté de voir, sans difficulté, le spectacle préparé pour récréer sa vue et délecter ses oreilles. A peine nous étions-nous assis chacun à notre place, qu'une demi-douzaine de danseuses, revêtues de vêtements splendides, se montrèrent en se glissant sous un rideau de gaze ou plutôt sous un store vaporeux qui tombait du plafond jusqu'à terre, à l'une des extrémités de la salle. Ces danseuses avaient le teint d'une Espagnole d'Andalousie; leurs cheveux, d'un noir de jais, rejetés en tresses sur le derrière de la tête et retombant en boucles sur les épaules, le tout orné de perles et d'épingles d'argent, rehaussaient la délicatesse de leurs traits et la rougeur qui colorait leurs joues.

Ces femmes étaient revêtues de larges *pyjamas*, sorte de culotte turque faite de satin d'une couleur cramoisie des plus éclatantes. Ces *pyjamas* encerclaient la ceinture de ces femmes, et de serrées qu'ils étaient autour de la taille, devenaient graduellement plus larges, à mesure qu'ils descendaient jusqu'à la cheville. Un bracelet brodé attachait ces pantalons à la ceinture et autour de la jambe, ce qui rendait le costume encore plus pittoresque.

Ces femmes se tenaient silencieusement derrière le fauteuil du roi sans que celui-ci leur adressât la parole; aucun de nous, par conséquent, n'eut l'air de remarquer leur présence; c'était là toute l'étiquette qu'il y avait à observer à la table du roi de Luknow.

Rien n'était plus joli à voir que les mouvements de leurs éventails agités au-dessus du fauteuil de Sa Majesté Nussir-u-Deen.

Les bayadères de Nussir-u-Deen continuèrent toute la soirée, sans cesser, leurs évolutions silencieuses; c'étaient elles qui, tour à tour, éventaient le roi et le servaient à table : elles restèrent ainsi jusqu'au moment où le maître se leva pour rentrer, suivant l'usage, dans ses appartements.

Le dîner servi sur cette table royale ressemblait fort, à peu d'exceptions près, à un dîner européen; on se fut cru chez un riche négociant de Calcutta. Les domestiques entraient et sortaient, apportant les différents plats sans prononcer une seule parole; à nous seuls était réservé le droit de causer avec le monarque et d'écouter ses réparties.

L'ordinaire se composait d'une soupe de poisson, de ragoûts, de rôtis, de curry et de pilau de riz, le tout suivi d'un second service où les pâtisseries étaient fort abondantes, et enfin d'un dessert pour compléter le festin. La cuisine était excellente; il n'y avait rien d'étonnant à cela, car c'était un Français qui dirigeait les fourneaux de Nussir-u-Deen. Ce « maître queux » avait été chef du club du Bengale à Calcutta, et cependant ni le cuisinier français, ni le cocher de Sa Majesté n'étaient autorisés à quitter un seul instant leur cuisine et leur écurie. Le barbier seul avait le droit d'aller partout.

Quoique Nussir-u-Deen appartînt à la race musulmane, il n'en aimait pas moins à boire du vin, et en cela il avait pour imitateurs tous les nobles de son pays. J'ai souvent entendu Sa Majesté déclarer que le Koran ne défendait point précisément l'usage du vin, comme on le supposait généralement, mais seulement l'abus qu'on pouvait en faire.

Donc, s'il était permis aux sujets du roi de boire du vin, le roi avait le pouvoir de commettre tous les abus qu'il lui plairait. C'était là, j'en suis sûr, la vraie doctrine de Nussir-u-Deen, car il quittait rarement la table sans vaciller sur ses jambes. Les vins préférés par le monarque hindou étaient le Bordeaux, le Madère et le Champagne, qui tous étaient d'une excellente qualité et dont le bouquet nous paraissait d'autant meilleur, qu'en égard à la chaleur du pays on avait soin de les frapper à la glace quelques heures avant le dîner.

A mesure que le repas avançait, le vin rendait le roi et ses courtisans très-familiers les uns avec les autres.

— J'ai toujours aimé les Européens, dit tout d'un coup Sa Majesté à haute voix, en s'adressant à nous tous. Oui, j'ai toujours eu un faible pour eux, et mes sujets me haïssent à cause de cela. Mes parents m'empoisonneraient s'ils le pouvaient; mais ils me craignent beaucoup! Oh! certes oui, ils ont peur de moi!

— Votre Majesté a fait tout ce qu'il fallait pour cela, répliqua le barbier.

— Oui, oui, vous avez raison, répondit le roi qui, se tournant ensuite du côté gauche, ajouta ces paroles :

— Vous avez très-souvent vu le peuple de Luknow se battre dans les rues, n'est-ce pas?

— Oui, sire, trop souvent, fîmes-nous à l'unisson.

— Vous savez que mes sujets se tuent avec grand plaisir les uns les autres?

— Oui, sire.

— Ah! ah! c'est charmant; mais remarquez bien qu'ils n'osent pas toucher un cheveu de la tête de mes amis!

— Cela est vrai, Majesté.

— Ah! mais, oui, les drôles savent fort bien que je les exterminerais tous, s'ils osaient même vous insulter! Oui, je le jure, je les tuerais les uns après les autres. Oh! ils connaissent toute l'amitié que j'ai pour vous et ils ont peur.

Dans ce moment, on apporta le dessert, et la table se trouva bientôt chargée des fruits les plus succulents de la végétation des tropiques. Avec le dessert commencèrent les amusements de

Il y avait là à côté d'elle des musiciens. (P. 25.)

la soirée. Ces jeux, à ce que j'appris plus tard, étaient variés tous les jours; tantôt c'étaient des clowns qui se disloquaient les membres avec autant d'élasticité que l'eût pu faire un singe ou un serpent; tantôt les fous du roi se livraient à une bataille de jeux de mots et de pasquinades qui rappelaient les farces d'Arlequin, de Polichinelle et de Pierrot dans nos pantomimes européennes. Il y avait ensuite des prestidigitateurs, des nécromanciens et des charmeurs de serpent. Quelquefois encore on nous donnait le spectacle de combats de coqs, d'escarmouches entre des cailles et des perdrix lâchées en liberté sur la table du roi. Enfin, nous avions souvent le spectacle des marionnettes qui se livraient devant nos yeux à des contorsions pareilles à celles d'un tragédien cherchant à faire de l'effet, et, bien entendu, tous ces jeux étaient accompagnés de danses exécutées par les femmes, aux sons d'une musique fantastique dont les instrumentistes se plaçaient à l'une des extrémités de la salle. Le premier soir où je pris ma part du dîner royal, les amusements consistèrent en une séance de marionnettes, suivie de quelques pas de caractère dansés par des jeunes filles Nautchés.

Nussir-u-Deen manifestait la plus grande joie à entendre les plaisanteries de bon goût des hommes et des femmes-poupées, faits de bois et recouverts d'étoffes, et il riait maintes fois à gorge déployée.

Le barbier, qui remarqua la bonne humeur de Sa Majesté, crut devoir à son tour manifester son approbation pour les jeux de marionnettes et pour les danses des *Nautchés*, autrement dit les ballérines indiennes. Si leurs visages n'étaient point aussi gracieux que celui des Almées du roi, en revanche leur façon de danser était irréprochable.

Il y avait là, à côté d'elles, des musiciens qui jouaient d'une sorte de luth et d'une façon de tambourin, tout en s'avançant et en se retirant, en suivant le mouvement de ces femmes et en chantant aussi le même rhythme qu'ils rendaient sur leurs instruments. La partie instrumentale était pourtant la plus importante. Au lieu de servir d'accompagnement aux voix, c'était le chant qui accompagnait les instruments de musique (1).

(1) Comme preuve à l'appui de ce que raconte l'auteur de ces notes, nous extrayons le passage suivant emprunté à l'histoire de Hayder Shah. publiée par son petit-fils, le prince de Ghaulam Mohamed, pendant son séjour en Angleterre, en 1855 :

« Chez tous les princes des grandes Indes, il y a chaque soir un spectacle qui commence à huit heures et dure jusqu'à onze heures du soir. Ce spectacle se compose de danses et de chansons. La cour de Hayder

Nussir-u-Deen ne faisait aucune attention aux danses gracieuses de ses Nautchés : ni lui ni ses courtisans, moi seul excepté, ne regardaient danser ces pauvres filles et n'écoutaient la musique et les chants de leurs accompagnateurs.

Enfin le roi d'Oude murmura à voix basse un ordre à l'oreille de son barbier. Celui-ci sortit de la salle et revint bientôt tenant un objet qu'il remit dans les mains du roi. S. M. repoussa son fauteuil, se leva et s'avança vers le petit théâtre des marionnettes, autour duquel il se promena comme s'il voulait examiner de plus près leurs évolutions. Les montreurs de marionnettes redoublèrent d'efforts pour satisfaire le roi, persuadés que dès ce moment leur fortune était faite. Le roi se tint un moment tranquille, puis tout à coup il avança la main, la retira brusquement, et une des poupées tomba sans mouvement sur le théâtre. Il était évident que Sa Majesté tenait entre ses doigts une paire de ciseaux et qu'il venait de couper les cordes.

Les artistes s'étaient aperçus de cela aussi bien que nous, mais comme ils étaient maîtres dans l'art de la dissimulation, ils affectèrent aussitôt un air d'étonnement en présence d'une aussi grande catastrophe.

Nussir-u-Deen se tourna de notre côté, le rire sur les lèvres, en nous adressant un clignement d'yeux, comme s'il eût voulu nous dire : N'est-ce pas bien réussi?

Le barbier se prit à rire et les autres aussi. Là ne s'arrêta point la plaisanterie royale ; le roi d'Oude renouvela les coups de ciseaux, et à chacun d'eux les marionnettes retombaient im-

Shah a été la plus brillante de toutes celles des Indes et sa troupe de comédiens et de bateleurs était sans contredit la plus complète, eu égard à la richesse de ce monarque.

» Les comédiens hindous sont en général des femmes ; la directrice d'une troupe de ce genre achète des jeunes filles à l'âge de quatre ou cinq ans ; on vaccine ces enfants et on leur donne des maîtres de chant et de danse. C'est à dix ou onze ans qu'on les produit en public. En général leur taille est belle, leurs yeux sont noirs comme du jais, ombragés de cils très-soyeux, leur bouche très-petite et leurs dents d'une blancheur sans égale. La couleur de leurs joues est d'un rose vif, et, sur leurs épaules, retombent, en boucles gracieuses, des tresses de cheveux qui descendent souvent jusqu'à terre. Le teint de ces femmes est généralement d'une couleur brune, avec cette seule différence qu'elles ne ressemblent pas aux mulâtresses, lesquelles, comme on le sait, ne peuvent pas rougir. Leur costume se compose toujours d'une tunique richement brodée d'or et de pierres précieuses. La plus âgée des bayadères d'une troupe royale ne doit pas avoir plus de dix-sept ans. Une fois parvenues à cet âge on les renvoie. C'est alors qu'elles parcourent les provinces ou s'attachent au service des pagodes. »

mobiles sur les planches, ce qui excitait un rire fou parmi les gens de la cour, et de nouvelles marques de stupéfaction chez les montreurs de poupées. Lorsque chacune d'elles eût vu se trancher ainsi le « fil de ses jours, » le roi mit un terme à cette plaisanterie en prenant une bougie et en mettant le feu au théâtre.

Ce ne fut pas sans peine qu'on put éteindre cet incendie de Lilliputiens.

Tout le reste de la soirée se passa à critiquer les danseurs et les chanteurs, avec plus de liberté que de bon goût; le vin coulait à pleins bords, et Sa Majesté s'enivra tout comme eût pu le faire le dernier de ses sujets.

Comme on le pense bien, pendant que se passaient les scènes que je viens de raconter, j'examinai toutes choses avec l'attention la plus scrupuleuse.

Nous entendîmes aussi quelques rires de femmes au moment où Nussir-u-Deen coupa les cordes des marionnettes. Si nous autres spectateurs, nous ne pouvions point voir distinctement derrière le rideau, il n'en était pas de même pour ces dames, dont les yeux perçaient la gaze légère qui prétendait les cacher à nos regards.

Le spectacle continua par des chansons multiples. Le roi d'Oude buvait toujours et finit par se griser complètement. Deux serviteurs s'emparèrent alors de lui et le transportèrent dans son appartement.

Je ne pus m'empêcher de remarquer, à part moi, qu'il n'y avait aucune différence entre ce roi qui venait de s'enivrer devant moi, et le plus éhonté ivrogne soûlé de vin dans une taverne de notre vieille Europe.

Le lendemain de cette soirée mémorable, j'eus occasion de visiter plus attentivement que je ne l'avais fait encore, la partie du palais où j'avais accès. Je fus forcé de convenir que les dorures et les glaces étaient partout trop nombreuses et de fort mauvais goût; l'aspect général du palais était chatoyant, mais rien n'était digne de la demeure d'un souverain.

Un seul endroit me parut fort pittoresque : c'était un lac en miniature, un lac artificiel, bien entendu, dont la superficie recouvrait environ un acre de terre au milieu d'un jardin.

Au centre de ce lac, éloigné d'une portée de fusil du rivage, s'élevait un pavillon pittoresque recouvert d'une couche de peinture des plus brillantes, et dont l'architecture, composée de minarets et de petits dômes, offrait un coup d'œil très-gracieux. L'eau de ce lac était limpide et transparente au suprême degré.

et dans le liquide élément se jouaient de très-gros poissons aux écailles dorées et argentées, dont le plus petit avait encore de soixante à quatre-vingts centimètres de long.

On parvenait au pavillon du milieu du lac à l'aide d'une barque amarrée au rivage du côté opposé à la porte du palais par laquelle nous étions sortis. L'ami qui m'accompagnait, et qui était comme moi un des courtisans de Nussir-u-Deen, s'assit sur un des bancs de l'esquif royal et m'engagea à l'imiter. Au même instant, un batelier se présenta, qui s'empara des rames et nous conduisit au pavillon féerique.

C'était certainement la construction la plus élégante de la ville de Luknow. Il n'y avait là que deux chambres très-petites, mais chacune d'elles était remplie de meubles splendides, et des divans moelleux étaient adossés tout autour, le long des murailles. Au milieu de la plus grande des deux salles, il y avait sur une table un modèle représentant le palais en miniature, qui était sculpté avec cette minutie de détails et cette perfection de coloris qui caractérisent les œuvres d'art des sculpteurs indiens. Le pavillon dans lequel nous nous trouvions était représenté par un petit morceau de bois dont la grosseur était à peine celle d'une noix, et malgré cette exiguïté de formes, l'œil pouvait discerner le plus petit ornement contenu dans chacune des deux chambres.

Nos regards qui, d'une fenêtre ouverte, s'étendaient sur le paysage qui nous environnait, nous portaient à croire que nous nous trouvions au sein du pays des fées. Les ébats incessants des poissons au milieu des eaux, la barque dorée qui flottait sur le lac; les fleurs épanouies sur la rive se dessinant sur la verdure d'un taillis d'arbustes précieux; tout cela captivait mon cœur à un tel point, que je me disais qu'à la place du roi, je quitterais à l'instant mon palais pour venir habiter ce pavillon.

Nussir-u-Deen n'était pas de mon avis, car déjà, sur les murailles et sur les meubles de ce palais lilliputien, on apercevait des traces de destruction; quelques années auparavant, à ce que me raconta mon camarade, Nussir-u-Deen se plaisait à mener là quelques favoris, dans le bateau que conduisaient deux rameurs, mais depuis un certain temps, le pavillon paraissait être tout à fait abandonné par le monarque.

Quelques jours après cette promenade, pendant le dîner royal, la conversation tomba sur les poissons du lac, et l'un de nous demanda si ces poissons étaient bons à manger.

Nussir-u-Deen déclara qu'on en ferait un excellent plat, et il donna des ordres nécessaires pour que son cuisinier déployât ses talents à fabriquer, avec ce poisson, une matelotte gigantesque. Le lendemain même le ragoût parut sur la table et chacun en prit sa part. La « sauce était meilleure que le poisson, » dont la chair était tellement remplie d'arêtes, que plusieurs de nous faillirent s'étrangler. Ces poissons, en un mot, étaient cent fois plus mauvais que le *hilsa*, célèbre dans les Indes pour la quantité d'arêtes que renferme sa carapace écaillée.

Chaque jour mon éducation se complétait dans la science de l'étiquette de la cour de Luknow. Certain matin, à un déjeuner public, offert par Sa Majesté au Résident anglais, à ses aides de camp et à quelques officiers des cantonnements voisins de la ville, Nussir-u-Deen se tourna du côté de l'un des chirurgiens de la Compagnie des Indes, et lui dit :

— John, voudriez-vous faire, avec moi, une partie de dames?

Le roi haïssait M. John, qui était pourtant un de ses aides de camp, et il se plaisait à lui être désagréable.

— J'accepte avec un grand plaisir, c'est un grand honneur pour moi de faire le jeu de Votre Majesté, répliqua John.

— Je joue cent mohurs d'or, ajouta le roi.

— Il m'est impossible de tenir une pareille somme, sire, je suis trop pauvre pour cela.

— Cher maître, dit le roi en se tournant du côté du professeur de langues, voulez-vous faire une partie de dames avec moi ; je parie cent mohurs d'or.

— Votre Majesté m'honore, je serai heureux d'être son partenaire, fit le professeur qui, connaissant le roi plus particulièrement que personne, savait très-bien deviner les intentions de Nussir-u-Deen.

On apporta le jeu de dames. Les deux joueurs prirent place devant une table et le jeu commença. Je me tenais à quelques pas et j'examinais la partie. Comme j'avais eu l'occasion de jouer aux échecs, quelques jours auparavant avec le professeur du roi, j'étais convaincu qu'il savait très-bien jouer aux dames; mais je découvris bientôt que si le roi jouait mal, son maître de langue jouait encore plus mal que lui. C'était là une leçon d'étiquette qui avait bien son prix.

Je m'aperçus bientôt que le roi ne devait pas être battu.

A vrai dire cependant, quelque mal que jouât le professeur, tout en affectant de faire de son mieux, je découvris que c'était à regret qu'il se laissait vaincre par le roi. On m'apprit même, quelque temps après, qu'il était dans l'usage des courtisans de causer avec le partenaire du roi quand il allait gagner une pièce, afin de fournir à Nussir-u-Deen l'occasion de tricher et de changer la place des dames ou des échecs, afin de corriger la fortune en sa faveur.

Le jeu s'acheva et le professeur se trouva battu.

— Vous me devez cent mohurs d'or, dit le monarque d'une voix triomphante.

— C'est convenu, sire, je les apporterai ce soir même.

— N'y manquez pas, ajouta le souverain qui disparut par l'une des portes du palais.

Le soir de ce même jour, lorsque l'heure du dîner eut sonné, — nous étions tous cinq auprès de Nussir-u-Deen, — celui-ci s'adressa à son précepteur :

— Eh bien! cher maître, où sont mes mohurs d'or?

— Dans mon palanquin, sire, à la porte du palais. Faut-il aller vous les chercher?

— Quelle folie! Gardez votre or, et reportez-le chez vous. Me supposez-vous capable de vouloir vous dépouiller de ce qui est à vous? John m'en supposait capable. Avez-vous vu manger ce pourceau-là? Ciel! je hais cet homme à mort?

N'y avait-il donc personne de la maison du roi, me demandera-t-on, qui pût avertir messire John du mauvais vouloir du roi et de sa manière ordinaire d'agir? Celui qui lui eût donné pareil avis eût peut-être fait perdre au malheureux des roupies pour une somme de cent soixante livres sterling, car le roi était tellement capricieux, que personne ne pouvait se fier à sa manière de faire. Tous ceux qui étaient attachés à sa personne se montraient convaincus que si Nussir-u-Deen avait gagné de l'argent à John, il lui eût rendu le double de ce qui lui revenait, soit de main à la main, soit par l'entremise de son premier ministre.

Mais cependant, selon le caprice du roi, une personne qu'il eût détestée aurait pu perdre intégralement sa fortune. On ne devait pas s'attendre pourtant à la moindre difficulté, quand on laissait le roi d'Oude gagner une partie de dames ou une partie d'échecs. Il jouait fort mal à l'un ou à l'autre jeu. L'étiquette voulait qu'on ne l'emportât jamais sur Sa Majesté, à quelque jeu que ce fût. Souvent il me demandait de faire sa partie, et je mettais à profit la leçon que m'avait donné le professeur en matière de diplomatie.

Il y avait pourtant une difficulté pour gagner le roi, chaque fois qu'on jouait avec lui au billard. Il fallait alors avoir à côté de soi un ami qui vous fît dévier le bras, ou qui touchât les billes pour favoriser le joueur royal contre son adversaire, ou bien encore qui jetât adroitement une bille sur le tapis vert, à la place de celle qui était tombée dans la blouse; mais il s'agissait de s'y prendre avec précaution pour ne pas être vu. Disons en passant que Nussir-u-Deen se montrait très-satisfait tant que son partenaire jouait bien..... son rôle et fermait les yeux sur ses tricheries, en paraissant très-malheureux de ne pas être plus adroit. C'était là un point très-important!... Quoi qu'il en soit, Sa Majesté hindoue riait beaucoud toutes les fois qu'elle gagnait de cette manière.

Mes lecteurs trouveront sans doute tous ces actes puérils et peu dignes d'être pratiqués par un monarque : c'est aussi mon avis, mais il est bon de faire observer que je décris les mœurs du palais de Luknow, mœurs bien différentes de celles qui régissent les autres civilisations princières de l'Europe, et qui pourtant sont en usage dans toutes les autres cours du monde.

Le courtisan qui, jouant avec l'empereur de Russie aux dames, ou aux échecs, ou au billard, gagnerait la partie, serait, selon moi, fort mal avisé : il y a toujours un moyen, quand on le veut, de se défendre vaillamment et de perdre néanmoins avec les honneurs de la guerre. Tout n'est que duperie en fait de diplomatie : Je n'en citerai qu'un seul exemple, celui de la Compagnie des Indes, qui a qualifié le pauvre roi d'Oude de ce titre fallacieux et menteur : « *Nussir-u-Deen, protecteur et défenseur du monde entier*. »

On m'a souvent conté qu'en Europe, le jour de la fête de Saint-Hubert, le trois novembre de chaque année, il est d'usage à la cour de Berlin, de faire une chasse au sanglier à Grümewald.

Le roi de Prusse se montre alors en public, revêtu d'un magnifique costume de chasseur, veste de velours noir, pantalon de cachemire blanc, bottes à l'écuyère, etc.

Les courtisans et les veneurs sont revêtus d'habits rouges, à la mode anglaise. On sonne le « *lancer*. » C'est un vieux ragot, préparé pour l'occasion, les boutoirs rognés, de peur d'accident, qui s'élance poursuivi par les chiens, les cavaliers, les dames vêtues en amazones. Tout ce monde se presse sans se presser

Sa Majesté passe la première, naturellement, — escortée par les grands seigneurs, et précédée de la meute et du sanglier, à peu près domestique. Bientôt, vingt minutes après le lancer, on sonne l'hallali. Le pauvre.. sanglier est acculé par les chiens, incapable de se défendre Un des veneurs saute à bas de son cheval, passe délicatement une corde autour de la bête, tandis qu'un piqueur écarte les chiens à coups de fouet. Dans ce moment, le roi s'avance et met pied à terre : on lui remet un élégant couteau de chasse, et d'une main assurée, il l'enfonce dans le cou de l'animal enchaîné. Inutile d'ajouter que des applaudissements unanimes, des cris frénétiques, célèbrent le courage du roi débonnaire. Sa Majesté daigne rougir de plaisir et de joie, et l'on retourne au palais de Sans-Souci, sans autre... souci... que celui d'avoir un peu sali ses bottes.

Après tout, d'après cet exemple, les mœurs royales de Luknow différeraient fort peu de celles de la plupart des cours d'Europe.

La noblesse du royaume d'Oude ne voyait pas d'un bon œil la faveur dont Nussir-u-Deen comblait les étrangers admis à la cour.

C'était là une jalousie fort naturelle, car le Nawab, premier ministre, le général qui commandait l'armée du roi, aussi bien que le chef suprême de la police, Rajah Bucktawir-Singh, dont j'aurai bientôt l'occasion de parler, ne venaient qu'en second chaque fois que le barbier royal était auprès de son maître.

— Il est malséant, disait le Nawab, de voir ces gentlemen paraître en votre auguste présence avec des bottes ou des souliers aux pieds. Chacun de nous n'oserait agir de la sorte. Votre Majesté montre trop de bonté en se laissant ainsi manquer de respect. Croyez-moi, sire, votre illustre père, Ghazy-u-Deen Hyder, le puissant et le courageux, n'eût jamais consenti à laisser des Européens se présenter ainsi sans façon devant lui.

Le roi ne sut d'abord que répondre à cette brûlante attaque dirigée par un homme qui se montrait toujours soumis et respectueux devant les caprices de son maître, mais le Nawab Roorhum-u-Dowlah s'obstinait à répéter la même chose, et ne parut pas s'émouvoir d'un regard de colère que lui adressa Nussir-u-Deen.

— Suis-je plus puissant que le souverain de la Grande-Bretagne? demanda le roi au Nawab.

— Votre Majesté est le plus grand monarque des Indes et se trouve placée bien au-dessus de l'empereur de Delhi. Longue vie au protecteur et au défenseur du monde entier! s'écria le courtisan en éludant de répondre à la question d'une manière directe.

— Roorhum-u-Dowlah, reprit le roi qui ne se tint pas pour battu, suis-je plus puissant que le souverain de la Grande-Bretagne?

— Votre serviteur, sire, ne peut pas admettre qu'aucun roi soit placé au-dessus de Votre Majesté.

— Ecoute-moi, Nawab, vous aussi, général, prêtez-moi toute votre attention. Le roi d'Angleterre est mon maître, et ces gentlemen se présenteraient devant lui, s'il était là, chaussés et bottés comme ils le sont ici. Pourquoi ne leur serait-il pas permis d'agir ainsi en ma présence? Entrent-ils dans mon palais le couvre-chef sur la tête? répondez-moi, Excellence.

— Ce que vous dites est vrai, sire... mais...

— Silence! ces gentlemen montrent leur respect pour moi de cette manière, tandis que vous, vous laissez à la porte vos babouches. Voyons! je suis bon prince, et je vous propose le compromis suivant : Je les obligerai à quitter leurs bottes, à la condition que vous ôterez le turban qui vous entoure le crâne. Est-ce convenu?

Le Nawab ne répondit pas un mot, et dès ce jour il cessa d'entamer cette question, car pour les Musulmans, sortir sans turban ou être décoiffé passe pour une insulte des plus grandes. Bien souvent on leur entend dire : « Que la tête de mon père soit à découvert si... » C'est là une des phrases usuelles quand on veut refuser de faire telle ou telle chose.

La conversation du Nawab, qui nous avait tous fort surpris à ce point que le roi en fit prendre note sur le livre du palais, où se trouvaient inscrits tous les faits remarquables arrivés à la cour de Luknow, prouvera à mes lecteurs que Nussir-u-Deen n'était point un fou quand il se laissait guider par son jugement et sa raison ordinaires. Nussir-u-Deen n'avait des caprices et ne s'abandonnait à l'enfantillage que quand il était pris de vin ou entraîné par la colère. J'excepte, bien entendu, les folles prétentions du joueur d'échecs et de dames.

Après avoir représenté le roi d'Oude dans les différentes phases de son existence, il me reste à raconter les faits et gestes, bons ou méchants, de ce monarque hindou. Toutefois, avant de finir ce chapitre, je veux décrire à mes lecteurs deux des jeux favoris de Nussir-u-Deen : le *cheval fondu* et la *bataille à coups de boules de fleurs*.

La scène se passe à Chaun-Gunge, l'un des palais du roi, situé au milieu d'un grand jardin entouré de hautes murailles où nous avions souvent le spectacle de combats d'animaux. Ce parc pouvait avoir environ quatre acres d'étendue, et quand le roi et sa cour y pénétraient, les indigènes en étaient exclus.

L'un des cinq Européens avait parlé au roi du jeu du *cheval fondu* ou peut-être il avait vu quelque gravure représentant ce jeu, et il avait manifesté l'intention de l'essayer. Les porteurs de Nussir-u-Deen étaient restés à la porte du parc, que l'on avait fermée à clef, et Sa Majesté ordonna que l'on commençât sur-le-champ à imiter les sauts décrits par les règles du jeu. Le capitaine des gardes du roi se courba donc en deux et offrit son dos à la compagnie, puis vint le professeur de langues qui, à son tour, s'inclina en deux pour faire sauter le peintre. D'abord nous nous étions courbés très-bas, afin de ne pas faire tomber nos amis, puis, à mesure que nous prenions de l'audace, nous relevâmes nos échines jusqu'à ce qu'enfin nous fîmes gros dos : aussi ne tardâmes-nous pas à transpirer comme des écoliers.

Nussir-u-Deen ne se contenta pas de rester spectateur de nos ébats : il voulut aussi prendre part à ce jeu ; par bonheur il était maigre et léger. Je me trouvais près de lui quand, tout à coup il s'écria : « Allons, laissez-moi sauter par dessus votre dos! » Je me courbai, et le roi, s'élançant, me passa sur la tête avec une grande agilité. Du reste, cela ne m'étonne pas, car il était parfait écuyer : « Bon, fit-il ensuite, à votre tour, maintenant. » Je cherchai à m'excuser, mais il insista, et je vis bien que je ne pouvais pas me refuser à lui obéir sans qu'il s'en offensât.

Je sautai donc; je me courbai ensuite, et Nussir-u-Deen, ayant pris un faux élan, me fit choir et tomba avec moi au milieu d'une plate-bande de fleurs. Il se releva, fort mécontent de sa mésaventure.

— *Boppery-Bopp!* s'écria-t-il, vous êtes aussi lourd qu'un de mes éléphants.

Je craignis d'abord de voir le roi se mettre en colère : par bonheur il se calma. Le barbier lui présenta immédiatement son dos, et Nussir-u-Deen, prenant son élan, passa heureusement au-dessus de la tête du Figaro d'Oude. Tour à tour mes compagnons franchirent la tête royale et se laissèrent franchir par elle. Tout alla donc pour le mieux jusqu'au moment où Sa Majesté, se trouvant fatiguée, demanda un verre de Bordeaux à la glace pour se rafraîchir.

Bien souvent, en d'autres circonstances, nous recommençâmes notre partie de *cheval fondu*.

J'arrive maintenant à la *bataille à coups de boules de fleurs*.

Aux environs de la Noël, fête que l'on célèbre aux Indes sous le nom de *la fête des grands Sahebs*, nous causions un jour avec le roi des cérémonies de notre pays à cette époque de l'année. Nous étions tous dans le jardin de Chaun-Gunge, dont j'ai déjà parlé tout à l'heure.

A propos de Noël il s'agit de l'hiver : à propos de la saison des frimas, on décrivit la neige, et, au sujet de la neige, nous racontâmes, aussi bien que nous le pûmes, sans avoir les projectiles sous la main, comment on se battait à coups de boules de neige.

Il y avait, dans le parc de Chaun-Gunge, une énorme fleur

jaune de l'espèce des soleils d'Afrique, appartenant à la variété dont on décore les maisons de Calcutta lors des fêtes de Noël. Cette fleur, presque aussi grosse qu'un dahlia lui ressemble assez pour la forme.

Dès que nous eûmes décrit au roi la manière dont on se battait à coups de boules de neige, il cueillit trois ou quatre de ces asters monstres et les lança contre le bibliothécaire, qui se trouvait le plus éloigné de la compagnie. En bons courtisans, tous les amis du roi qui se trouvaient là, suivirent son exemple, et la mêlée devint bientôt générale. On se servait de ces fleurs dorées en guise de boules de neige, et chacun y allait bon jeu bon argent. Le monarque se défendit avec beaucoup d'adresse; il lançait trois projectiles pendant que ceux qu'il attaquait jetaient une seule fleur.

Cette petite guerre était fort du goût de Nussir-u-Deen, peu d'instants après la première attaque, tous nos vêtements, tous nos cheveux étaient couverts de pétales jaunes, qui s'attachaient à nos habits et à nos boucles de cheveux d'une manière toute particulière.

Le chapeau du roi en était tout couvert. Naturellement, les jardiniers du palais ne durent pas trouver ce ravage de leur goût, mais ils eurent la sagesse de ne rien dire.

Et d'ailleurs, l'important n'était-il pas que le roi se fût amusé !

C'était là un nouveau divertissement pour lui, et il se donna ce plaisir pendant tout le temps de la floraison des soleils aux pétales dorés.

III. — La partie de chasse.

Une mystification de Nussir-u-Deen. — Nous quittons le palais. — Le camp de Sa Majesté. — Les oiseaux du lac. — La chasse royale. — Les faucons apprivoisés. — Continuation de l'excursion de chasse. — Les « déduicts » des oiseaux de proie. — Les daims apprivoisés. — Le Cheetah. — Combat de daims et de léopards.

Un jour, à la table du roi, la conversation roula sur la chasse; un des nôtres fit observer qu'il y avait à faire une magnifique tuerie d'oiseaux au *Jheel*, petit lac distant seulement de quelques milles de Luknow. Le roi, qui était de bonne humeur en ce moment-là, dit aussitôt :

— J'ai entendu parler du *Jheel*; nous irons y brûler notre poudre. Je veux voir si j'ai à ma cour de véritables chasseurs.

On donna immédiatement des ordres, et il fut décidé que nous nous réunirions le lendemain dans un des palais qui se trouvaient à proximité du lac.

Ce palais, qu'on appelle *Dil-Kushar* (Délices du Cœur) est situé à quelques milles des murs de la ville, de sorte qu'en nous y rendant, nous comptions revenir le soir, et que par conséquent nous n'avions pris aucune disposition pour y passer la nuit. Quand nous arrivâmes, le roi et son cortége, composé d'indigènes, étaient déjà à *Dil-Kushar*. Nous attendîmes qu'on nous avertit de partir pour accompagner le roi jusqu'au *Jheel;* mais on ne venait toujours point. Aussi nous ne comprenions rien à ce retard; le jour baissait graduellement et la nuit approchait : pour tuer le temps, nous nous amusions à jouer au billard.

Le soir, à l'heure ordinaire, on vint nous prévenir pour le dîner. Nous trouvâmes Sa Majesté de bonne humeur et toute prête à remplir son rôle habituel à table, c'est-à-dire à bien manger et surtout à bien boire. Personne n'osait lui demander pourquoi il n'avait pas été question de la chasse pendant toute la journée, et le roi ne fit pas la moindre allusion à ce sujet; de sorte qu'au milieu des *toasts* et des libations, des danses et des chants ordinaires, la nuit s'avança rapidement.

Enfin minuit sonna. Le roi se ressentait de plus en plus de la quantité de vin qu'il avait bu. Nous nous disposions à le faire reconduire chez lui et à nous retirer, quant tout d'un coup il partit d'un grand éclat de rire. Il n'y avait pas de cause apparente à cet accès de gaieté : aussi nous attendîmes qu'il nous en donnât lui-même l'explication.

— J'espère bien que vous n'allez pas me laisser seul ici, dit-il enfin; car on s'y ennuie terriblement. Vous qui êtes mariés, et vous, ajouta-t-il, en désignant le barbier et un autre individu, je vous permets naturellement de partir; je ne veux pas priver vos femmes de votre société cette nuit; mais vous autres vous me tiendrez compagnie.

Quand nous accompagnions Sa Majesté à une certaine distance de Luknow, nous emportions toujours nos lits avec nous, des lits de voyage pareils à ceux dont on se sert ordinairement dans l'Inde, notre linge et tous les accessoires nécessaires à la toilette, et nous emmenions aussi nos domestiques. On comprend que lorsqu'il faut chaque jour être en grande tenue des pieds jusqu'à la tête, il n'est pas possible de voyager seulement avec un sac de nuit.

C'était là évidemment une plaisanterie de Sa Majesté, et nous prîmes le parti d'en rire le plus possible.

— Ah! puisque j'y songe, ajouta-t-il, nous partirons demain pour la chasse.

Aussitôt que le roi se fut retiré, ce qui ne tarda pas, nos amis s'éloignèrent; l'un d'eux me promit de se rendre chez moi et de m'envoyer mon palanquin, dans lequel je comptais passer la nuit, comme cela m'était déjà arrivé peut-être cinquante fois. Il devait expédier aussi mes habits pour le lendemain, et mon valet indigène, autrement dit mon *porteur*, comme on l'appelait.

Le roi se retira en riant de tout son cœur de la mystification qu'il nous avait faite, et nous nous prîmes à rire aussi comme de vrais courtisans.

— Vous pouvez garder ici ces Nautchés, dit Nussir-u-Deen. Allons, dansez, chantez pour les Sahebs, ajouta-t-il gaiement, en passant devant elles.

C'était une étrange scène; nos amis étaient partis, et la grande salle, devenue presque déserte, restait brillamment éclairée par des torchères de cire. Les suivantes du roi avaient disparu en même temps que les domestiques : les jeunes filles dansaient et chantaient, mais nous les congédiâmes dès que nous crûmes le roi assez éloigné pour ne plus nous entendre. Nous restâmes alors immobiles, repoussant nos verres pleins de vin, et n'aspirant plus qu'à la solitude et au repos. Il n'était cependant pas très-pénible d'être condamné à faire honneur à une table chargée des fruits et des vins les plus exquis, même à une heure un peu plus avancée que de coutume, et cependant, nous éprouvions un malaise indéfinissable au milieu de cette immense salle longue d'environ cinquante mètres. Nous ne nous parlions qu'à voix basse, et le souvenir de maux de tête récemment éprouvés nous empêchait d'avoir recours aux nombreux flacons placés à notre portée.

Enfin nous quittâmes la table, et nous nous mîmes à errer dans le palais. Nous pénétrâmes partout, excepté dans les chambres à coucher devant lesquelles marchaient en silence les femmes cipayes du pays, le mousquet sur l'épaule. Tout était désert et tranquille; de distance en distance un serviteur, enveloppé de la tête aux pieds dans ses larges vêtements, dormait sur une natte, insensible au bruit que nous faisions à ses côtés.

Il était près de deux heures après minuit, et nos porteurs n'arrivaient pas. Nous nous installâmes alors sur les lits et les fauteuils qui se trouvaient là, nous résignant à dormir malgré le bourdonnement des moustiques. Des bougies brûlaient sur les tables, on n'entendait que les ronflements sonores de quelque vigoureux dormeur, le pas monotone des sentinelles, et celui des domestiques qui éteignaient les lumières dans la salle du repas.

J'étais sur le point de fermer les yeux, lorsqu'on apporta mon palanquin dans une petite chambre voisine. Les palanquins de mes compagnons arrivèrent en même temps, et nos domestiques essayèrent de rendre notre séjour confortable pour cette nuit.

Quelques heures suffirent pour nous faire oublier, dans un profond sommeil, la plaisanterie du roi et les désagréments de notre position.

Le jour suivant se passa comme le premier. Nous apprîmes indirectement que le roi avait demandé de nos nouvelles, et nous comprîmes que c'était là un ordre de rester. Comme à l'ordinaire, le barbier se rendit à midi auprès de son maître.

Nous passâmes notre temps aussi bien que possible dans le palais, à nous promener de long en large sous les verandahs, à jouer au billard, ou à considérer les ornements orientaux qui décoraient quelques-unes des salles. Certainement, le roi voulait nous retenir, et cependant on ne parlait plus de la chasse, et aucun préparatif ne se faisait pour notre excursion au lac, où les oiseaux sauvages se trouvaient par milliers.

Le dîner ressembla à celui de la veille, et le roi fit de nouveau la remarque qu'il était impossible de rester seul dans une résidence aussi ennuyeuse : il nous annonça que le lendemain nous partirions définitivement. Nous retournâmes passer la nuit dans nos palanquins, après avoir envoyé nos porteurs à la ville pour nous chercher de nouveaux vêtements. Persuadés que le roi voulait demeurer quelque temps dans son palais, et ensuite au camp qui serait préparé près du lac, je fis demander mon lit de voyage, mes nécessaires, mes malles et quelques objets usuels. Je ne voulais pas être pris au dépourvu par un événement imprévu.

J'avais tout ce qu'il me fallait pour une semaine de séjour forcé dans ce lieu éloigné. Ce temps expiré, nous partîmes pour le lac; le roi avait exprimé le désir qu'aucun de nous ne s'y rendît avant l'époque qui devait tous nous y réunir. La première vue du lac et des préparatifs qui y avaient été faits pour nous y recevoir, nous procura une délicieuse surprise. Les terres étaient très-élevées au-dessus de l'eau, du côté par lequel nous arrivions; aussi le spectacle qui s'offrit à nos yeux, lorsque nous parvînmes au sommet de la petite colline sur laquelle nous étions placés, fut-il vraiment enchanteur.

Le lac s'étendait devant nous, reflétant les rayons incandescents du soleil couchant. Cette nappe d'eau me parut d'une largeur d'un mille environ, et d'une longueur équivalent au double. Une épaisse forêt croissait sur ses rives, et les arbres s'inclinaient gracieusement çà et là sur les eaux. Près du chemin que nous avions suivi, il y avait une certaine étendue de terrain en pente douce, semé de gazon, qui s'étendait en s'arrondissant jusqu'aux berges d'une petite baie. Les tentes se dressaient sur les bords de ce golfe en miniature ; au centre, était fixée celle du roi, ornée d'une marquise aux couleurs éclatantes et de drapeaux verts de forme triangulaire, placés sur le sommet. Les habitations pour les dames de la cour, pour les femmes du roi et leur suite, les danseuses, les chanteuses et les serviteurs, se trouvaient un peu en arrière. Le Résident devait honorer de sa présence cette partie de plaisir, et on lui avait préparé une tente luxueusement ornée, à la droite de celle du roi. A gauche, et plus loin, on nous indiqua la tente carrée destinée aux Européens de la maison royale. Le camp ne se bornait pas là : tout était prêt pour y recevoir le Nawab, premier ministre indigène, son fils, le commandant en chef, le général-directeur de la police, et plusieurs officiers, accompagnés d'une nombreuse suite. Les éléphants, les chameaux et les chevaux, étaient attachés au piquet, au milieu de cette ville improvisée; partout on voyait des *howdahs* et des palanquins, mêlés aux véhicules de transport de toutes sortes, destinés aux femmes des classes élevées.

Nussir-u-Deen nous avait caché son projet, et à cette heure il jouissait de notre surprise. L'admiration que nous éprouvions le charmait d'autant plus qu'elle était réelle, car il est impossible de se figurer une scène plus brillante et plus belle que celle qui était devant nos yeux. Nous ne nous lassions pas d'admirer le lac, les paysages qui l'entouraient, et l'aspect oriental du camp. Le roi était satisfait et tout le monde se promettait beaucoup de plaisir.

Nous découvrîmes bientôt, cependant, que la chasse en compagnie d'un roi est très-différente de celle à laquelle on se livre avec des compagnons d'un caractère moins respecté.

Tout ce divertissement était préparé à son intention, et en effet, il en jouit seul pendant plusieurs jours.

On porta sur le rivage de la petite baie un immense paravent disposé de manière à dérober le roi à la vue des oiseaux lorsqu'il ferait feu. On avait attiré ces volatiles au bord de l'eau en y semant à profusion du riz et du grain, et lorsqu'ils y furent réunis par centaines, le silence étant scrupuleusement observé dans le camp, on alla prévenir le roi que tout était prêt. Il vint sans bruit se cacher derrière le paravent, et prit son fusil des mains d'un de ses domestiques. Une ouverture avait été pratiquée pour y introduire l'extrémité du canon. Tandis que les oiseaux sans défiance se disputaient l'appât qui leur avait été préparé, Nussir-u-Deen faisait feu, et il s'estimait être un chasseur des plus émérites. Le plomb se dispersait en l'air et retombait en pluie au milieu des oiseaux, car le roi n'était rien moins qu'un bon tireur. Tous les palmipèdes s'élevaient alors en désordre dans les airs, en criant d'une manière étourdissante, et se réfugiaient dans les bois.

Les personnes de la suite de Nussir-u-Deen se précipitaient dans l'eau pour recueillir les morts et les blessés : ils en rapportaient le double de ce que le roi aurait pu en tuer, et les entassaient en forme de petites pyramides devant le *Refuge du monde entier*. Le double! cette expression pourra étonner nos lecteurs; mais cela est exact. Oui, au moins le double! Le roi n'avait atteint aucun oiseau, et ses serviteurs étaient chargés d'une provision de gibier apportée d'un district voisin. C'était l'intérêt de tous ses gens de mettre le roi de bonne humeur; quand ils étaient dans l'eau jusqu'aux épaules, il leur était facile de détacher les oiseaux attachés autour de leur corps, et une fois sortis du lac, qui pouvait dire que ce n'était pas les victimes de Sa Majesté? Personne ne l'eût osé, pas même son barbier, et encore moins celui qui raconte ces faits. Les mille roupies que je recevais chaque mois du trésor royal me paraissaient de trop bonne prise pour concevoir même la pensée de dévoiler ce mystère.

Cette singulière chasse dura trois ou quatre jours. Le Résident et sa suite arrivèrent alors, et le roi se vit forcé de partager ses plaisirs. Les nouveaux venus tirèrent avec nous, et grâce à quelques bateaux qu'on nous procura, nous fûmes à même de passer de charmants instants sur le lac. Nussir-u-Deen voulut se servir des faucons dressés. L'instinct avec lequel ces oiseaux secondent l'homme est merveilleux. Vers la fin de notre expédition, nous chassâmes le héron. Pour cette chasse, on se sert de faucons d'une espèce tout à fait différente, et qui avaient beaucoup plus de sagacité qu'on n'en supposerait chez un aussi petit oiseau. Ces faucons avaient été spécialement dressés pour l'usage auquel nous allions les employer.

Plusieurs milliers d'oiseaux se trouvaient donc attirés sur le lac par le grain qu'on y avait répandu auparavant; quatre ou

LA COUR D'UN RAJAH.

Cette singulière chasse dura trois ou quatre jours.
(P. 40.)

cinq faucons prenaient leur vol. Nous nous montrions alors sur la rive, puis nous montions dans les bateaux armés de nos fusils, et aussitôt les oiseaux s'enlevaient dans les airs.

Mais les faucons qui volaient au-dessus d'eux en cercles rapides, les empêchaient de s'élever trop haut et retenaient leur proie à peu de distance de la terre. Cela durait jusqu'à ce que des centaines d'oiseaux eussent porté la peine de leur frayeur en périssant victimes de la sagacité des faucons. Représentez-vous ces audacieux « *laniers* » décrivant leurs évolutions dans les airs ; au-dessous d'eux, les hérons retenus captifs et se portant tantôt à gauche, tantôt à droite pour trouver une issue et tenter de s'échapper, se rassemblant ensuite tous en groupes comme des lâches, aux yeux de chasseurs joyeux pressés sur la rive ou assis dans des bateaux, — et vous aurez présent devant vos yeux, ami lecteur, le spectacle de la chasse du *Jheel*.

Il n'y avait rien de plus intéressant à étudier que l'activité qui régnait dans le camp, où chaque jour apportait un nouveau plaisir. Malheureusement, le roi n'avait rien conservé de la bonne humeur qu'il avait manifesté au début. Sa Majesté paraissait froissée de se trouver, pour ainsi dire, reléguée parmi les personnages secondaires ; on peut aisément comprendre que, comme chasseur, le rang qu'il occupait n'était pas des plus élevés.

Sa mauvaise humeur était pour son entourage une source de contrariétés continuelles. Il résolut donc bientôt de continuer son voyage pour faire la chasse à des animaux plus redoutables.

Nous quittâmes avec regret ce lac pittoresque et notre camp enchanteur. Chacun de nous se plaisait dans ces excursions sur les canots du roi, à la surface de ces eaux d'une admirable limpidité ; nous aimions à côtoyer, en ramant, les rives boisées, à raser les branches d'un épais feuillage, tantôt apercevant, tantôt perdant de vue les scènes variées de la campagne environnante qui était couverte de tentes, de gardes du corps, de spectateurs de tout rang. Quelquefois, en entrant dans une crique du rivage, nous faisions partir un héron effrayé ; l'oiseau s'enlevait, en poussant des cris et en battant l'air de ses larges ailes ; c'était plaisir de le voir bientôt retomber, atteint par la balle d'un de nos chasseurs. C'était plaisir aussi de rencontrer des volées d'oiseaux aquatiques de plus petite taille, prenant la fuite à notre approche ; le plus gros et le plus hardi de la bande restait le dernier, ne songeant qu'à attaquer un poisson pour s'en nourrir, et souvent aussi éprouvait-il le sort qu'il destinait à sa proie, car il tombait à son tour sous les coups d'un ennemi invisible.

Personne ne peut concevoir un tableau plus admirable qu'un coucher de soleil au milieu d'un semblable paysage; le lac réfléchissait la lueur pourpre du ciel, et les derniers rayons de lumière teignaient le feuillage des arbres d'une nuance dorée.

A cette heure, les Musulmans commençaient leur *mugreeb* ou prière du soir, sur la rive la plus découverte; leurs mouvements se réflétaient dans l'eau; nous les voyions s'incliner et baiser la terre, agenouillés sur de petites nattes. Le soleil couchant les couvrait de sa lumière magique. Leurs vêtements, depuis l'uniforme splendide des gardes, jusqu'aux haillons des pauvres artisans indigènes, empruntaient des tons vigoureux et pittoresques à cette atmosphère lumineuse. Les cris des oiseaux et des singes qui se réfugiaient dans les arbres de la forêt, pour y passer la nuit, ou qui s'entr'appelaient en poussant des glapissements et des cris sauvages, s'harmonisaient parfaitement avec cette scène aux dernières heures du jour; les éléphants restaient immobiles sur la rive; les chameaux, ruminant sans bruit, inclinaient avec grâce leur cou flexible, pour chercher à terre leur nourriture; les chevaux, attachés aux piquets, prenaient leur repas du soir, tandis que de petits oiseaux et de légers insectes remplissaient l'air de leurs chants bruyants et de leurs bourdonnements. N'en est-il pas de même dans la vie humaine? Ce n'est pas toujours la partie la plus utile du genre humain qui fait le plus de bruit dans le monde; généralement parlant, ce sont les déclamateurs qui se plaisent aux conversations et aux discours bruyants.

Rien ne fut plus facile que de déterminer le roi à continuer son excursion dans l'intérieur du pays. Il s'était montré si heureux de ses exploits à la chasse, avant l'arrivée du Résident, qu'il désirait jouir d'exercices plus dangereux.

— Nous chasserons le daim, le sanglier et même le tigre, avant de retourner à Luknow, s'écria-t-il dans un moment d'enthousiasme.

On leva donc le camp, et nous nous dirigeâmes vers le nord, dans l'intention d'atteindre la contrée où se trouvaient les animaux sauvages. La nombreuse suite du roi rendait notre marche très-lente; on avait amené des daims dressés, employés ordinairement à attirer les daims sauvages, les faucons et les *cheetahs*, sorte de léopards élevés à chasser le daim. Ces carnassiers suivaient notre troupe, dans des cages placées sur des chariots, et ils avaient leurs conducteurs et leurs valets. Venait ensuite le harem du roi, composé de ses femmes et de ses nombreuses esclaves, des danseuses et des chanteuses, avec leurs suivantes, et tout cela formait une petite armée; les troupes de la garde portant une splendide livrée bleu et argent; les éléphants sur le dos desquels étaient placés les tentes et les bagages; les chameaux, employés comme bêtes de charge, sauf ceux à l'usage des courriers, et les nombreux chevaux de selle. Si l'on ajoute à cela les éléphants, les chevaux et les palanquins des Européens, il sera facile de comprendre que notre marche ressemblait plus à celle d'une armée indienne, qu'à une simple partie de chasse.

Notre arrivée jetait la consternation parmi les habitants des villages. Le roi et sa suite n'étaient jamais venus dans cette contrée si reculée, et la marche d'un souverain oriental dans ses domaines est un triste événement pour la population. Les gens de la cour, dans l'Inde, se regardent comme une race privilégiée. Ces personnages croient avoir droit à toute chose et en aussi grande quantité qu'il leur plaît; aussi pillent-ils et maltraitent-ils de tous côtés les malheureux Hindous. S'il se trouve quelque difficulté à surmonter, une route impraticable à remettre en état, ou un passage à ouvrir où il n'y en avait jamais eu, tous les paysans sont ordinairement mis en réquisition; hommes, femmes et enfants sont appelés à l'ouvrage aussi longtemps que le Nawab l'exige, et ils reçoivent pour tout salaire des punitions et des mauvais traitements toutes les fois que leur tâche n'est pas assez rapidement accomplie.

Nous arrivâmes enfin au bord d'un autre lac, éloigné de quarante ou cinquante milles de celui que nous avions quitté dans le voisinage de Luknow. La nappe d'eau devant laquelle nous nous trouvions avait au moins le double d'étendue de la première, et son aspect était plus sauvage. Les cimes neigeuses de l'Himalaya devenaient plus distinctes à mesure que nous avancions vers le nord; la campagne était plus montagneuse, et les jungles et les forêts laissaient moins souvent place à des terres cultivées. Depuis plusieurs milles nous suivions des routes tracées à la hâte par les ordres du Nawab pour le passage de notre nombreuse caravane. On nous sacrifiait des champs de riz, on traçait un chemin au milieu des arbres de magnifiques forêts, on moissonnait les récoltes de blé indien. La destruction de la propriété était une considération secondaire, eu égard au bien-être du souverain.

Le camp fut dressé à quelque distance du lac, dans le même ordre que le premier, à la différence près que le Résident n'était plus avec nous. Le roi recommença à chasser, malgré la nature marécageuse du sol, qui présentait une difficulté de plus. Les hérons étaient fort nombreux, et on lança les faucons contre eux. Pendant plusieurs jours cette chasse intéressante fut notre seule distraction. Nul parmi nous, le roi excepté, n'avait jamais vu de faucons dressés avec une telle perfection. Le vol précipité de l'oiseau, du moment où il était mis en liberté, les courbes et les cercles qu'il décrivait, lents d'abord, puis plus rapides quand il apercevait le héron, sa marche précipitée pour prendre position au-dessus du fugitif, tout cela offrait à nos yeux un spectacle fort curieux. Nous attendions ensuite le résultat avec anxiété dès que le faucon, parvenu au-dessus de sa proie, se précipitait sur elle avec la rapidité de la flèche; les serres et le bec enfoncés dans le dos du héron, notre lanier tombait alors en tournoyant avec lui. Cette scène était fort émouvante, et il est impossible de l'oublier lorsqu'on en a été témoin. Lorsque le dénoûment approchait, nous montions à cheval pour être témoins de la chute, et nous galopions de toute la vitesse de nos chevaux pour voir mourir la victime, et séparer de sa proie le faucon souvent couvert de blessures.

Les serviteurs examinaient ce brave guerrier empenné pour s'assurer de son état, et souvent c'est à peine s'ils pouvaient parvenir à l'empêcher, quelque meurtri qu'il fût, de se jeter avidement sur le morceau délicat qui lui était choisi dans les entrailles de l'oiseau conquis.

Nussir-u-Deen, qui était un fort bon cavalier, prenait un très-grand plaisir à ces exercices. Nous nous réunissions le soir pour dîner dans la tente de Sa Majesté, où le service de la table se faisait exactement comme à Luknow. Il n'y manquait rien en fait de vivres et de bonnes choses, et le vin coulait à pleins bords. A voir la grande table couverte de mets, les nombreuses bougies, la porcelaine et l'argenterie, les danseuses et les suivantes agitant les éventails de plumes de paon, nous croyions être dans le palais du roi plutôt que sur les rives d'un lac sauvage entouré de jungles et de forêts.

Le roi projetait de continuer son voyage vers le nord pour rencontrer des sangliers et des tigres, mais les daims se trouvaient en abondance près de notre campement. Nous devions les chasser de trois manières différentes : d'abord à l'aide des cerfs apprivoisés, ensuite avec le secours des cheetahs, et enfin nous-mêmes, à pied et à cheval. Tel était le programme des plaisirs de la semaine qui allait commencer, car le roi était blasé sur la chasse au faucon.

Je n'ai jamais vu nulle part de daims apprivoisés, excepté dans les chasses du roi d'Oude. La contrée où nous nous trouvions était peuplée d'animaux inoffensifs, parmi lesquels je citerai les daims. Des piqueurs habiles entraient dans la forêt pour rabattre les animaux, sans violence et sans bruit, dans un des espaces ouverts qui se trouvent à la lisière des bois. La harde, protégée par ses gardiens, les mâles les plus forts et les plus belliqueux du troupeau, se croyait pourtant très en sûreté dans la clairière où on l'avait conduite.

Nous emmenions avec nous une douzaine de mâles bien dressés. Ceux-ci, sachant ce qu'on attendait d'eux, s'avançaient au petit trot dans l'espace découvert : ils se trouvaient bientôt en présence des animaux qui gardaient le troupeau et dont les plus courageux s'élançaient à leur rencontre. Etait-ce avec des intentions pacifiques ou bien pour disputer la possession de leur pâturage aux nouveaux venus? Je ne saurais le dire ; mais, après quelques minutes, les deux hardes se mettaient à combattre avec acharnement. Chacun des animaux apprivoisés avait un adversaire et se tenait sur la défensive, non dans un simulacre de guerre, mais pour soutenir une attaque furieuse. Nous nous dirigions alors à cheval vers le champ de bataille; le troupeau, retiré sur la lisière du bois, prenait la fuite, mais les combattants maintenaient leur position et continuaient à se porter des coups.

Cent indigènes s'approchaient peu à peu des animaux sauvages, dans un but qu'aucun chasseur ne saurait approuver; les daims, trop animés au combat pour s'occuper de ces nouveaux ennemis, tombaient bientôt sur le sol, le jarret coupé à coups de couteau.

Ces malheureux animaux faisaient pitié à voir, renversés sur la terre, incapables de se relever pour continuer le combat, et les flancs labourés par les daims apprivoisés.

Ces derniers étaient rappelés aussitôt; on ne leur permettait pas de poursuivre la victoire. Ils obéissaient à la voix de leur maître, et se laissaient conduire comme des chiens; plusieurs d'entr'eux portaient sur leurs poitrines déchirées les marques d'un combat trop réel. On les emmenait triomphants, caracolant avec orgueil, secouant joyeusement leurs andouillers et très-tentés de recommencer le combat, fût-ce même les uns contre les autres.

Le contraste présenté par les animaux abattus était vraiment pénible. Ils avaient perdu toute leur fierté et la grâce de leurs mouvements, toute l'énergie de ces nobles bêtes était concentrée dans leurs regards, et leurs grands yeux noirs fixés sur nous semblaient nous reprocher les moyens peu loyaux que nous avions employés contre eux. En effet, cette chasse ne pouvait être regardée que comme une boucherie. Enfin, le roi donna le signal, et l'on coupa la gorge des malheureux daims; c'était la seule chose à faire pour eux; les laisser vivre dans ce triste état eût été de la cruauté.

Telle est la description de la chasse aux daims apprivoisés du royaume d'Oude; mais on m'a assuré qu'on se servait aussi de ces animaux pour prendre leurs adversaires vivants et sans blessures.

Afin de réussir dans cette chasse, deux hommes s'avancent derrière le daim, pourvus d'un filet solide, et le lui jettent sur la tête de manière à le renverser. S'il reste debout, il se retourne sur ses assaillants et met souvent leur vie en danger. Ce qu'il y a de plus difficile dans cette chasse, c'est de ne pas couvrir avec le filet les andouillers du daim apprivoisé; ce filet ne peut donc pas être lancé pendant que les deux animaux combattent tête contre tête; il faut attendre qu'ils s'éloignent momentanément pour prendre leur élan et se précipiter de nouveau l'un contre l'autre, comme cela arrive toujours.

Le léopard dressé, autrement dit le cheetah, est trop connu dans les collections zoologiques d'Europe pour qu'il soit nécessaire d'en donner ici une description détaillée. Il diffère du léopard commun en ce que sa tête est plus petite et plus hideuse, et les taches de sa fourrure plus claires et moins variées. Le cheetah est plus grand et plus fort que le léopard ordinaire. J'ai entendu dire qu'à Ceylan, quand ces animaux manquent de nourriture, ils pénètrent jusque dans les villages de l'intérieur et y enlèvent les habitants.

Leur taille et leur audace sont telles, que ces faits ne paraissent pas invraisemblables, quoiqu'on n'ait pas d'exemple d'accidents de ce genre dans l'Inde septentrionale.

Il n'est pas facile de diriger le cheetah quand il est sorti de sa cage. Son gardien le retient comme un chien, attaché par une forte chaîne. L'animal se montre assez docile tant qu'il galope en plaine; mais si quelque chose attire son attention, un bruit dans la forêt, ou une piste sur la terre, il marche plus lentement, relève la tête et regarde fièrement autour de lui. Quelques minutes plus tard, il est impossible de le contenir. Le gardien est préparé à cette éventualité; il tient dans la main gauche un morceau d'écorce de noix de coco, dont l'intérieur est saupoudré de sel, et il l'applique sur le nez du cheetah, qui perd ainsi la trace qu'il vient de sentir et oublie l'objet qui l'avait arrêté. On a recours à ce moyen dès que l'animal montre quelque symptôme d'excitation, et il redevient aussitôt d'une grande docilité (1).

La chasse, qui a lieu lorsque le cheetah et son gardien en sont arrivés inaperçus à peu de distance de leur proie, est un des spectacles les plus excitants dont j'aie jamais été témoin. Le daim fuit pour sauver sa vie, et bondit par dessus tous les obstacles qui se trouvent sur son chemin. Il court, saute, nage tour à tour et passe à gué les courants d'eau avec une énergie frénétique. Mais en même temps le cheetah s'anime; le daim doit naturellement devenir sa proie. Il franchit tout ce qui peut l'arrêter, bondit comme un chat parmi les buissons. Il se jette même souvent à l'eau plutôt que d'abandonner sa victime. Le rôle du cavalier demande aussi de l'adresse; malgré tout le soin qu'on avait pris de mettre le roi à même de suivre toutes les phases de la chasse, en choisissant bien le terrain et en faisant disparaître les obstacles principaux, il n'était pas toujours facile de se maintenir en selle. Bien entendu, on avait renoncé à construire des routes royales pour la chasse, et Sa Majesté était forcée de se contenter du sol tel que la nature l'avait fait. Nous nous précipitâmes tous pêle-mêle, mais cependant en troupe, car le roi ne nous aurait jamais pardonné de l'avoir devancé à travers les *nullahs*, ou lits desséchés des torrents, et les longues herbes sèches et dures qui croissent en touffes et offrent une très-grande difficulté à la marche des chevaux. Le cheetah passait par dessus sans prendre pied nulle part, en apparence. Quelquefois nous nous trouvions engagés dans d'épaisses broussailles de deux ou trois pieds de hauteur, parmi lesquelles nos montures sautaient à droite et à gauche, sans s'inquiéter de la route, car on ne voyait pas même un sentier autour de soi. Enfin le daim était pris. Il n'était que temps, car si l'animal

(1) Comme preuve à l'appui, nous citerons le passage suivant : « Lorsque Hyder-Ali a le temps, il paraît à un balcon et reçoit le salut de ses éléphants. Les officiers s'écrient : Les éléphants saluent Votre Majesté. En même temps, ces animaux rangés en demi-cercle autour de la place, font trois génuflexions. Les tigres de chasse (cheetahs) du prince, lui font également une visite; ils sont conduits à la main et couverts d'un manteau de velours vert brodé d'or, qui tombe jusqu'à terre, et d'un bonnet semblable dont on se sert pour leur cacher les yeux lorsqu'ils deviennent furieux. Hyder, lui-même leur donne à chacun une boule de sucre confit qu'ils reçoivent très-adroitement avec leurs griffes. » (*Histoire de Hyder-Ali*, publié par son petit-fils, le prince Ghauiam-Mohamed, pendant son séjour en Angleterre, en 1855.)

avait pu pénétrer dans ces herbes inextricables, il nous eût été impossible de le poursuivre. Il était rare que le daim échappât jamais à nos poursuites, et ordinairement la pauvre bête, poursuivie par son ennemi, la tête haute, les larmes aux yeux, paralysée par la crainte, s'élançait d'un pas mal assuré par dessus un buisson placé à la lisière de la forêt, où son bois s'enchevêtrait. Mais bientôt elle se débarrassait, car le cheetah était à ses trousses, et cette course folle continuait jusqu'à ce que le terrible léopard eut enfoncé ses dents et ses griffes dans sa chair.

Nussir-u-Deen se montrait fort joyeux de ce sport d'une audace inouïe. L'un de nous lui ayant dit qu'en Angleterre les sportmen étaient dans l'usage de placer à leur chapeau la queue d'un renard pris, il fit couper le court appendice du plus bel animal pris par ses cheetahs, et le plaça à son turban de chasse comme un trophée de sa victoire.

IV. — Aventures dans le pays d'Oude.

Problème géologique. — Les ennemis du roi. — Cruautés commises dans un Zenanah hindou. — Un orage. — Troubles dans le camp. — Le pillage. — La sentinelle. — Le voleur. — Grande confusion. — Arrivée du Barbier. — Un ami bien reçu. — Retour à Luknow. — Justice sommaire exercée contre les paysans coupables.

Nous campions à cette époque au nord du village nommé Misrik, dont nous n'étions séparés que de quelques milles. Ce village s'élevait entre le Goomty et l'un de ses affluents le Kutheny. Les seules expéditions qui nous éloignèrent le plus de nos tentes, furent, tantôt, une chasse extraordinaire des cheetahs, tantôt un voyage qui avait pour but la recherche d'une harde de daims.

Nous arrivâmes un jour sur les bords d'une petite pièce d'eau dont les rives étaient couvertes d'un sable fin d'une éclatante blancheur, et ressemblait par son goût âcre, par la douleur piquante qu'il causait et par son apparence, à du salpêtre pulvérisé.

Cet amas de sable a beaucoup occupé les géologistes hindous, qui sont tous d'un avis différent à ce sujet. Quant à moi, qui n'ai pas la prétention d'être un homme de science, je crois devoir m'en rapporter à l'évidence de mes sens, et je suis porté à penser que ce n'est qu'un sable très-fin, semblable à celui qu'on trouve souvent sur le bord de la mer, avec cette seule différence que celui-ci est un peu plus blanc.

Comme on devait s'y attendre, l'eau du *Jheel*, autrement dit du petit lac, était saumâtre.

Nous nous mîmes à galoper sur le sable blanc, puis nous ralentîmes un peu notre course, car nous soulevions des tourbillons de poussière qui nous enveloppaient et s'élevaient en l'air comme s'ils eussent été aussi légers que l'atmosphère. Par bonheur, le vent ne soufflait pas en cet instant, car, s'il se fût élevé, nous aurions été aveuglés. Nos yeux, nos narines, nos oreilles, notre bouche, étaient remplis de cette poudre d'un goût âcre et piquant. M'est avis que chaque parcelle était trop petite pour être distinguée à l'œil nu, tandis qu'elle était assez large et assez âpre pour causer une sensation désagréable et pénible quand elle pénétrait dans nos narines. Nos chevaux aussi bien que nous éprouvaient l'effet du salpêtre; ils hennissaient et éternuaient violemment, et à chaque pas qu'ils faisaient, ils voulaient se diriger du côté de l'eau, et cependant il leur eût été impossible de boire.

Cette excursion peu confortable s'accomplit vers les derniers jours de notre mémorable expédition de chasse.

La poudre de salpêtre, comme je persisterai à la désigner jusqu'à ce que je lui aie trouvé un nom plus convenable, pénétrait avec aussi peu de cérémonie dans les narines et dans les yeux du roi que dans nos organes plébéiens. Sa Majesté Nussir-u-Deen jurait en langue hindoue et écorchait l'anglais avec une énergie dont on l'aurait à peine cru capable.

Rien n'était plus amusant que d'entendre un savant qui faisait partie de l'expédition nous assurer qu'il était impossible de trouver nulle part un phénomène géologique plus intéressant, et que nous étions heureux de l'avoir rencontré par hasard, car si les savants européens en connaissaient l'existence, ils viendraient de bien loin pour s'assurer du fait. Tout en éternuant, en toussant et en nous frottant les yeux, nous écoutions notre camarade. Le plus grand nombre d'entre nous avaient fermé les paupières dès qu'ils avaient ressenti cette douleur cuisante, et néanmoins la poussière s'introduisait dans nos yeux à un tel point, que nous commençions à craindre pour la vue de nos chevaux.

« Rien n'eût été plus aisé que de retourner sur vos pas, lorsque vous découvrîtes cet inconvénient, » pourrait nous dire un des sages lecteurs de ce livre. Mais je lui répondrai qu'aucun de nous ne fit cette réflexion, et j'ajouterai que nous continuâmes à chevaucher sur cette poudre de salpêtre, sans nous y accoutumer, sans éprouver le moindre dévouement pour la science, ni le plus petit désir d'en être les martyrs : il nous tardait d'échapper à cette mer de poussière impalpable. « Enfin, qui nous avait forcés à prendre cette route? » C'est que nous ne nous étions pas tout à coup trouvés au milieu de ce gisement extraordinaire. Personne ne pouvait dire ni où il commençait, ni où il finissait. Nous étions arrivés là graduellement, en franchissant tantôt un petit espace, tantôt un autre, intercalé au milieu de la terre où il était neutralisé par une substance grasse, qui ne lui permettait pas de s'élever très-haut. Quand nous atteignîmes l'endroit où les sabots de nos chevaux soulevaient des nuées autour et au-dessus de nous, nous étions déjà à moitié chemin, et il nous sembla plus court de nous diriger vers le côté opposé, que de revenir sur nos pas.

Le soir, après avoir regagné nos tentes, nous fîmes toilette, comme à l'ordinaire, pour assister au dîner royal. L'ennui que Sa Majeste avait éprouvé n'était pas dissipé; la poudre de salpêtre irritait encore ses yeux et ses narines; il était inquiet, contrarié, de mauvaise humeur. Il fut peu gracieux pendant la soirée, et ni les plaisanteries de son barbier, ni les saillies de ses bouffons, pas plus que les danses de ses bayadères nautchés, ne rendirent la gaieté au souverain. Il était ennuyé de s'être placé dans une position aussi désagréable. On aurait dû, à l'avance, l'informer de cet inconvénient. Les discours eux-mêmes de notre ami le savant qui assurait à Nussir-u-Deen que ce dépôt pouvait devenir une mine de grande valeur, — et ces paroles éveillèrent un instant l'attention du monarque, attention qui fut bien vite oubliée, — ne suffirent pas pour calmer cette irritation. Le roi se retira dans son appartement plus tôt qu'il n'en avait l'habitude, et nous rentrâmes dans nos tentes (1). Que le ciel protége celui qui, dans un tel moment, aurait eu le malheur de déplaire ou d'inspirer du dégoût à ce despote irrité! Un éternument accidentel! une toux plus accentuée qu'elle n'est d'ordinaire! un mouvement disgracieux même, eussent pu amener une punition terrible, des tortures dont le récit ferait frémir. On est souvent témoin de ce spectacle épouvantable dans les « zenanahs » de l'Inde. Les magistrats anglais savent cela, mais ils n'ont ni le pouvoir de l'empêcher, ni celui de le punir.

(1) La punition infligée à un hindou, dans le royaume d'Oude, pour avoir éternué en présence du roi, est la section du nez du coupable! Cette barbarie est fréquemment en usage chez les rois des Etats de l'Inde.

Jusqu'à cette période de notre expédition de chasse, le temps avait été magnifique. Nous fûmes cependant éveillés, un soir, peu de temps après nous être endormis, par un violent coup de tonnerre et par un déluge de pluie, précurseurs d'un changement de mousson.

Les éclairs brillaient et se succédaient avec une rapidité telle, qu'on pourrait à peine se faire une idée de ce phénomène atmosphérique, si on n'a pas habité les tropiques. Nous étions couchés tous les cinq sous une large tente carrée. La foudre semblait gronder tout à fait au-dessus de nos têtes, et ne paraissait pas être très-éloignée des poteaux qui soutenaient nos tentes. La lueur des eclairs était tellement vive, que deux ou trois fois nous pûmes parfaitement apercevoir tous les objets qui nous entouraient, et à travers le double canevas qui nous abritait, nous aperçûmes distinctement l'obscurité qui enveloppait les nuages : cela durait seulement l'espace d'une seconde, puis tout retombait de nouveau dans les ténèbres.

Il était à peu près minuit quand le tonnerre se tut. Le vent sifflait et faisait rage. Notre tente était agitée de tous côtés ; on eût dit qu'elle allait être mise en pièces ; les piquets paraissaient trembler aux secousses de l'étoffe. Nous étions convaincus que notre demeure provisoire allait être renversée; et nous nous communiquâmes nos craintes réciproques. Nos craintes n'étaient pas fondées, nos domestiques s'occupaient à attacher une épingle par ici, à tendre une corde par là, et heureusement notre habitation fut préservée. Néanmoins il était évident qu'il régnait une grande agitation dans le camp. Quand les éléments gardaient un instant de silence, nous pouvions distinguer, outre le hennissement des chevaux, les cris des chameaux, le souffle des éléphants et les voix des hommes qui semblaient s'appeler entre eux. A la fin pourtant il devint possible de s'entendre.

— Quelques-uns des animaux se sont détachés, dit l'un de nous.

L'orage cessa, mais le bruit continua dans le camp, il devint même plus fort.

— Plusieurs des animaux se sont détachés, répétâmes-nous. Il faut espérer que les éléphants ne s'enchevêtreront pas les pieds dans les cordes des tentes et ne les renverseront pas.

Tout en exprimant ce souhait, nous avions ordonné aux domestiques de veiller à ce que les animaux ne vinssent pas nous déranger, et nous cherchâmes à nous rendormir.

Il était déjà plus de minuit. Nous parvînmes promptement à fermer les yeux, car notre tente était excellente, et la pluie torrentielle ne nous avait pas incommodés. J'éprouvais une douce sensation, moi qui étais moitié éveillé, moitié endormi, de sentir et de n'avoir point la conscience de ce qui se passait autour de moi, tout en jouissant de toute la sécurité et du confort que m'offrait ma couchette de voyage. Je pensais au contraste que devait présenter l'intérieur et l'extérieur de la tente.

Les cris des animaux et des hommes augmentaient, le tumulte allait toujours croissant, il était impossible de dormir.

— Sortez, Buxoo, dis-je à mon valet, et voyez quelle est la cause de tout ce tapage.

Buxoo obéit, et avant qu'il revînt, quelqu'un appela un autre domestique à l'entrée de la tente : c'était un messager du « Soutien du monde entier, » périphrase tout orientale pour annoncer un serviteur du roi.

Le message était adressé au capitaine des gardes, qui se trouvait parmi nous, et il lui était ordonné de se présenter immédiatement devant son souverain. Cet ordre nous éveilla complètement. Il se passait indubitablement quelque chose d'important, il n'y avait pas à en douter, puisque l'estimable capitaine était mandé à une pareille heure.

L'envoyé ne savait rien, sinon qu'il y avait une grande commotion dans le quartier de Sa Majesté, et qu'une des tentes royales avait été renversée. C'était un sujet inépuisable de commentaires. Le Nawab avait la charge du campement. Peut-être le monarque était-il dans une telle furie qu'il allait faire arrêter le Nawab, et, qui pis est, ordonner sa mort. Peut-être quelque affreux événement était-il arrivé dans le zenanah... Peut-être... peut-être... Mais il était inutile de se livrer à tant de conjectures.

Buxoo revint bientôt après le départ du capitaine; il nous informa qu'il y avait un grand mouvement dans le quartier du roi, mais il ne put nous en apprendre la cause. Il avait même été jusqu'à questionner un « *Jamadur* » (un officier indigène) qui l'avait frappé pour le punir d'une pareille audace.

Ce résultat ne satisfit point notre curiosité. La pluie tombait toujours par torrent, et aucun de nous ne se sentit disposé à sortir pour courir aux informations. Enfin le capitaine revint.

— Veillez à votre sûreté, messieurs, et surtout faites attention à ce qui vous appartient, nous partons.

— Nous partons! — où allons-nous? — que signifie... demandâmes-nous tous à la fois.

— Le roi se met en route pour retourner à Luknow. Nussir-u-Deen part dans une demi-heure ; naturellement nous devons le suivre. Ses gens et ses cipayes voyagent avec lui. Il paraît fort ennuyé et très-désireux de retourner de suite dans sa capitale. Veillez à ce qui est votre propriété : j'insiste sur cette recommandation, sinon les paysans hindous s'empareront de ce que vous laisserez en arrière.

Le capitaine continua à parler, tandis que nous faisions nos paquets et que nous arrangions nos effets en nous faisant aider par nos domestiques.

— Croyez-vous sérieusement que ce que nous possédons soit en danger, capitaine? lui demandai-je.

— Non, si vous le défendez avec courage, répondit-il froidement ; mais je suis certain que les pauvres villageois, qui ont été maltraités et pillés par les gens de Sa Majesté, fondront sur le camp dès qu'ils sauront que le roi et sa garde sont partis. Cela arrive toujours de cette façon.

Il était impossible pour nous de voyager avec le roi, car nous n'avions pas le nombre voulu de domestiques ; et puis le monarque avait donné l'ordre que nous ne partissions qu'avec le Nawab. Le parcours de cinquante milles, dans une partie éloignée du royaume d'Oude, offre de bien plus grandes difficultés que celui du même voyage sur une route bien entretenue d'Europe. Nous avions chacun un éléphant, et tout au moins un cheval ; mais il fallait en outre des véhicules couverts, des palanquins, pour voyager dans la journée, et les palanquins demandaient des relais d'hommes pour les porter le long de la route. Outre cela, les bagages que nous n'emportions pas seraient certainement perdus, et s'ils n'étaient pas pris par les paysans, ils n'échapperaient pas à la rapacité des serviteurs du Nawab.

Il ne nous restait d'autre parti à prendre que celui d'attendre tranquillement le point du jour, afin de voir quel nombre d'hommes le Nawab nous permettrait de garder, et de convenir entre nous du meilleur arrangement à prendre dans cette triste circonstance.

Nous entendîmes le bruit des pas des chevaux, la chanson monotone de ceux qui portaient les palanquins, les secousses des pieds des éléphants qui se perdaient dans le lointain à mesure que le roi et son escorte s'éloignaient. Il n'était pas possible de rester et de différer le départ. Ce que Sa Majesté ordonnait devait être exécuté sur-le-champ.

La pluie tombait toujours ; la nuit était froide, obscure. Notre lampe, posée sur une petite table au milieu de notre tente, en éclairait très-faiblement l'intérieur. Quatre de nos camarades étaient étendus sur leurs lits, deux d'un côté, deux de l'autre; deux palanquins étaient placés dehors de la tente, le mien seul était dans l'intérieur, juste devant la porte. Nous songions à l'avertissement du capitaine, et il était décidé que nous veillérions debout, chacun à notre tour, pendant une heure, jusqu'à ce que le matin fût venu. Une paire de pistolets, une épée, étaient placés sur la table; un de nous, autrefois officier de dragon, attaché au service de l'Autriche, et qui conservait encore un air martial, grâce à d'épaisses moustaches, prit place le premier près des armes; il tenait un cigare entre ses lèvres. De nombreux domestiques étaient étendus à terre dans la tente, mais on ne pouvait compter sur eux; car ils avaient une grande peur des paysans qu'ils avaient maltraités et battus comme s'ils eussent été les plus vaillants des *braggadocios*.

Notre sentinelle était assise de manière à pouvoir facilement surveiller l'ouverture des deux portes. Dès que je l'eus vu étendre ses jambes sous la table, s'appuyer sur le dos de sa chaise, placer ses mains dans la ceinture de son *pyjamas*, ou caleçon de nuit, et respirer la fumée d'un excellent manille, — emprunté probablement à la boîte à cigares du roi, — je commençai à m'abandonner au sommeil.

Ma couche était placée tout près de la porte de gauche, notre gardien lui tournait le dos : mon valet, qui était étendu à terre à côté de moi, ronflait bruyamment, accroupi et enroulé comme l'est un monceau de vieux habits, car ni sa tête, ni ses jambes n'étaient visibles. Par bonheur, je ne dormais pas profondément, et je pus entendre quelqu'un qui rampait non loin de moi. J'ouvris mes yeux sans faire aucun autre mouvement et je fus bientôt tout à fait éveillé. J'aperçus aussitôt un bras d'un brun foncé qui paraissait sortir de terre, et qui s'empara d'un paquet de vêtements posés sur une boîte d'étain dans l'angle près duquel mon lit était placé. Je savais que tout ce que je possédais dans la tente en fait de linge en bon état et presque tout ce que j'avais apporté de Luknow se trouvait dans ce paquet, aussi je m'empressai de sauter lestement à terre pour m'emparer du bras et de son propriétaire, mais celui-ci avait eu le temps de disparaître avant qu'il m'eût été possible de le saisir. Notre sentinelle entendant l'exclamation que je poussais, saisit un des pistolets, le tourna contre moi au moment où j'étais agenouillé pour observer l'espace qui se trouvait entre ma couche et les portes; car j'étais persuadé que le voleur n'avait pas encore pu s'échapper Tout ce qui se passa fut l'affaire d'une minute. Notre ami s'avança le pistolet en main. Je m'élançai hors du lit, m'emparai d'une épée, et au même instant le voleur glissa comme un serpent de dessous ma couche, et chercha à gagner la porte la plus rapprochée, probablement celle par laquelle il s'était introduit.

Dans ce moment, tout le monde se réveilla et se mit sur pied en se questionnant mutuellement, et chacun exprimait la surprise. J'ai dit que mon palanquin était placé en travers d'une des entrées de la tente, dont les portes étaient fermées; le voleur se précipita en avant, il vit que sa seule chance de salut était de sauter au milieu du palanquin. Il essaya donc, et déploya autant d'adresse qu'un singe aurait pu le faire. Notre sentinelle s'élança vers lui en tenant un pistolet; elle aperçut la forme brune du voleur et fit feu. Je le vis aussi en me retournant après m'être armé d'une épée; mais je ne fis que l'entrevoir. Heureusement un des domestiques s'était, sans cérémonie, caché dans mon palanquin; il fit un bond lorsque le larron sauta sur lui, roula au dehors de son abri, et, passant à travers le canevas qui formait la porte, il se trouva à l'extérieur sur la terre humide, s'imaginant qu'on avait tiré sur lui pour le punir de son imprudence. Le voleur et lui roulèrent ensemble dans la boue, se faisant peur mutuellement; tous les deux se figuraient qu'on les attaquait; le premier s'échappa enfin, laissant dans la boue son compagnon d'infortune, abandonnant aussi le paquet de linge propre, qui ne l'était plus, car il trempait tout près de là dans un bourbier.

A ceux qui n'ont jamais voyagé sous les tropiques, ce malheur peut paraître léger, car ils ne peuvent apprécier le bien-être qu'on éprouve à changer de linge et le désagrément qu'il y a à en manquer, lorsqu'on parcourt des contrées où le thermomètre Fareinhet marque trente-deux degrés de chaleur; température correspondant à trente ou trente-deux degrés du thermomètre centigrade; alors qu'on est entouré de forêts dans lesquelles il serait imprudent de pénétrer et qu'on est privé du moindre souffle d'air; qu'on voit les hommes et les animaux affaiblis par une transpiration continuelle, et que les végétaux eux-mêmes paraissaient exhaler une brûlante vapeur.

Mon valet fut le premier qui retrouva mon paquet; je l'en remerciai, mais les conditions qu'il voulut m'imposer changèrent mes remerciements en indignation. Une boue épaisse et très-grasse avait sali tous les vêtements. J'accusai avec véhémence la sentinelle portant des moustaches d'être cause de mon infortune, tandis que je retournais mon linge pièce par pièce. Celui-ci se mit à rire, et m'assura que le coupable était puni, car il l'avait atteint d'une balle. Si le fait était vrai, il devait avoir tiré deux coups avec le même canon, car dans la matinée je trouvai un lingot de plomb dans la bordure de mon palanquin. Je ne manquai pas de lui montrer cet objet, mais il eut l'audace de me dire, tandis qu'il tressait les crins de son cheval, qu'il l'avait remarqué là depuis plusieurs jours, et qu'il était plutôt d'avis que la balle s'était logée là une nuit, tandis que je dormais dans mon palanquin. Ce récit, on le voit, n'avait pas le sens commun.

Il ne fallait plus songer à dormir. Les paysans furent bientôt informés que le roi et ses gardes du corps étaient partis. Ils vinrent alors dévaster le camp.

Pendant la nuit nous entendîmes les cris des hommes et des femmes, qui partaient du voisinage des tentes du monarque. Les plus pauvres servantes n'avaient pu accompagner les autres, et elles étaient maintenant exposées aux injures des paysans qu'on avait maltraités.

On abattit les tentes et on pilla tout ce qui s'y trouva; on ouvrit les coffres et on les brisa, afin de s'emparer des vêtements qui appartenaient aux plus grandes dames de la cour. Quant à nous, nous restâmes fort tranquilles, en songeant à notre conservation — ce qui est la première loi de la nature, — et puis, n'était-ce pas le devoir du Nawab de protéger le camp.

A chaque instant nous nous attendions à être attaqués, aussi nous préparâmes-nous à nous défendre. L'un de nous était armé de ses pistolets, l'autre de son fusil, un troisième de son épée, mais tous, nous avions l'air fier et résolu.

Sans doute les pillards savaient qui nous étions et ne désiraient pas se mesurer avec nous. Mais pourquoi ne pas se montrer, ne pas essayer de sauver les femmes? demanderont, avec plus d'enthousiasme que de savoir, quelques lecteurs indignés. Je répondrai à cette question : que les femmes qu'on avait laissées étaient pour la plupart indignes de pitié. Si nous avions pénétré dans leur habitation, la calomnie, une fois arrivés à Luknow, nous aurait bientôt atteints, et certaines auraient été les premières à nous accuser d'avoir envahi leur asile; nous eussions ainsi encouru la colère du roi et celle du Résident; cela eût suffi pour détruire toutes nos espérances de fortune, et nous faire perdre le peu que nous avions amassé. En abandonnant notre tente, nous n'eussions pas tardé à la voir pillée; et cependant de vrais chevaliers doivent penser à défendre et à protéger le sexe faible avant de s'inquiéter d'eux-mêmes. Nous n'étions que quatre, il était donc inutile de nous exposer en volant au secours de ces personnes en détresse; plusieurs d'entre elles, — si tout ce que nous avions entendu dire était vrai, — nous auraient su très-mauvais gré de nous mêler de leurs affaires, et si nous étions tous partis, qui aurait défendu nos habits, nos selles, nos nécessaires de voyage? Nos chevaux eux-mêmes et nos palanquins auraient été volés.

Nos montures étaient attachées tout autour de la tente; on ne pouvait donc pas les emmener sans entraîner avec eux nos grooms, choisis parmi les naturels, car, dès la première alarme, la corde qui retenait ces nobles animaux à des pieux plantés en terre avait été solidement nouée autour du bras de chacun des grooms.

Tant que dura l'obscurité, nous restâmes assis dans notre tente, occupés à fumer des cigares. Quand le jour fut venu, nous sortîmes pour voir les résultats du tumulte de la nuit précédente, et nous eûmes devant les yeux une scène étrange qu'il eût été difficile de voir se renouveler ailleurs, et même d'imaginer. Une des tentes royales avait été renversée par l'orage, et Nussir-u-Deen était tellement pressé de partir, qu'il n'avait pas voulu permettre qu'on essayât de la relever.

Tous nos serviteurs nous aidèrent à préparer ce qui était nécessaire pour retourner promptement à Luknow, et ce voyage ressembla bien plus à une fuite qu'à une marche; pas un ne songea à la tente abattue, pas un excepté les paysans, et ceux-ci ne l'oublièrent pas.

Malgré tous les efforts que purent faire les gardes du Nawab la tente royale fut saccagée et pillée. Le pantalon que le roi avait quitté dans la soirée ne fut pas même respecté.

Quand nous visitâmes le terrain qui entourait le camp, nous trouvâmes le sol jonché de morceaux de vêtements de femmes que les pillards avait laissé tomber en fuyant avec leur butin. Des articles de grande valeur se trouvaient confondus avec d'autres d'une valeur nulle : c'étaient des meubles, des ustensiles de cuisine, des habits, des trappes pour prendre des éléphants et des chameaux, tout ce qui est nécessaire en Orient pour l'usage d'un individu, l'entretien d'une maison, les nécessités de la route. Tous ces objets n'étaient pas d'origine orientale, car, à notre grande surprise, nous remarquâmes des articles de modes pareils à ceux qu'on voit exposés dans les boutiques de Londres et de Paris. Nous savions fort bien qu'aucun des Européens attachés au service du roi, que ce fût son cuisinier, son barbier ou son cocher, n'était accompagné de sa femme. Nous conclûmes donc que ces objets avaient appartenu à quelques femmes de la cour, sur le compte desquelles nous n'avions aucun renseignement.

Selon toute apparence, un violent combat s'était engagé entre les serviteurs du Nawab et les paysans, car deux hommes étaient étendus morts presque coupés en morceaux, et tous les deux étaient étrangers au camp. Plusieurs des gens de la suite du Nawab avaient aussi été grièvement blessés.

Nous retournâmes à notre tente pour déjeuner à la hâte, avant de nous mettre en route, mais en atteignant nos quartiers nous trouvâmes nos gens et nos effets sans dessus dessous. Nous fûmes quelque temps avant de pouvoir nous faire entendre, car nous n'obtenions à toutes nos questions que des réponses inintelligibles. La querelle était vive ; il était évident que quelques domestiques du Nawab se disputaient avec les nôtres. A quel sujet? C'est-ce que nous ne pouvions comprendre. Nous apercevions en l'air des bâtons menaçants, et si nous étions revenus plus tard, un autre combat aurait eu lieu dans notre tente.

— O Sahebs, s'écria le chef des perturbateurs, ces misérables ne veulent pas obéir aux ordres de Son Excellence le Nawab.

— Ces fils avilis de mères plus viles encore veulent que nous quittions la tente de nos maîtres, et que nous allions les aider, répétaient en chœur nos domestiques.

Tout parlaient à la fois, les voix avaient atteint le diapason le plus élevé.

Dans les Indes, il est d'usage, lorsqu'on se querelle, de s'exprimer très-haut, afin de s'effrayer mutuellement.

Nous étions une des causes du différend, et nous apprîmes enfin que le Nawab avait envoyé dire aux serviteurs des Sahebs, qu'avant de partir, il leur ordonnait de venir l'assister dans le travail général du campement : or, les messagers du commandant général avaient voulu entraîner tous nos porteurs et nos grooms, c'est-à-dire tous ceux qui n'étaient pas occupés à faire des paquets ou à préparer notre repas. Si nous nous étions soumis à cette injustice, et nous la considérions comme telle, nul n'aurait pu nous dire quand nous serions partis : aucun des articles de mon linge ne pouvait me servir, je désirais donc vivement retourner à Luknow. Je n'étais pas le seul qui éprouvât la nécessité d'un prompt départ. Ceux qui accompagnaient Nussir-u-Deen ne devaient pas laisser dans le pays qu'ils allaient parcourir assez de bras pour porter nos palanquins. Si le Nawab se mettait en route avant nous, il nous était impossible de prévoir à quelle époque nous eussions atteint Luknow, en admettant que nous y fussions jamais revenus ;

car les Européens qui appartenaient à la maison du roi n'étaient pas très-populaires dans le pays d'Oude.

Nous expliquâmes tranquillement aux envoyés du Nawab l'impatience qu'éprouvait le roi à nous revoir auprès de lui, nous parlâmes de la recommandation qu'il avait faite de le suivre immédiatement. On nous fit observer que le Nawab assumerait sur sa tête le blâme de notre retard. Nous ajoutâmes qu'il était de notre devoir de n'apporter aucun délai dans nos préparatifs, et que si nous abandonnions nos serviteurs volontairement, nous manquerions de respect au « *Refuge du monde entier*. » On nous expliqua qu'en l'absence du souverain, le Nawab avait tout pouvoir et qu'il fallait lui obéir. Nous fîmes valoir en dernier ressort le nombre de paires de pistolets, nos six fusils de chasse, les deux carabines et une grande quantité d'épées qui serviraient à nous défendre, nous et nos gens. On nous répondit avec un grand sang-froid, que les serviteurs du Nawab étaient trois fois plus nombreux que les nôtres, qu'il avait une plus grande collection d'armes que nous, et que si nous l'obligions à user de violence, il ne nous laisserait pas un domestique vivant.

Le sang-froid imperturbable de l'officier envoyé avec les serviteurs nous convainquit que le Nawab était bien déterminé. Il prononçait chacune de ses phrases polies avec une flatterie tout orientale, en exagérant notre bravoure, notre grandeur; mais il persistait et ne cédait en rien.

Notre esprit était à bout de ressources, et notre position était fort désagréable, car nous n'avions pas l'intention de nous battre avec le Nawab. Après avoir énuméré une longue suite d'arguments inutiles, nous songeâmes à recourir au barbier. Tous les indigènes qui avaient des emplois à la cour redoutaient cet homme, car on connaissait l'influence dont il jouissait. Un vieux proverbe dit : pensez à quelqu'un, vous le verrez paraître; nous songeâmes au barbier, et il parut. Il désirait partir tout de suite, et, par bonheur, il y allait de son intérêt de voyager en notre compagnie, et de gagner promptement Luknow. On lui expliqua ce qui se passait, et le petit homme se montra indigné.

— Vous êtes des misérables, s'écria-t-il, en s'adressant à l'officier, vous tous, y compris le Nawab.

Ces mots, prononcés en anglais, ne regardaient que l'officier.

— Allez, et dites à Son Excellence, continua le Figaro de Nussir-u-Deen, en mauvais langage hindou, que le « *Refuge du monde entier* » a besoin de moi pour friser ses cheveux. Je dois me rendre sans délai à Luknow, et ces gentlemen viendront avec moi. Aucun de nos domestiques ne doit être emmené : n'y a-t-il donc pas assez de paysans pour les corvées?

L'officier ne répliqua pas un mot, il s'inclina et s'éloigna.

Nous n'eûmes pas à nous repentir de nous être placés sous la protection du chevalier du « *fer à friser* » et non pas « *du rasoir*, » car il ne rasait jamais Sa Majesté. Le barbier paraissait fort satisfait, nous l'étions aussi; le Nawab éprouvait-il la même satisfaction? Nous n'en fûmes pas informés, car nous ne revîmes plus les domestiques.

En arrivant à quelques milles de Luknow, nous trouvâmes le roi installé dans son palais de Dil-Kushar, d'où nous étions partis : il nous attendait avec impatience.

— Vous m'avez longtemps laissé seul, gentlemen, nous dit Sa Majesté, quand nous parûmes le matin devant elle, et tandis que le barbier remplissait son office ordinaire. Vous m'avez abandonné dans ce triste palais.

— Votre Majesté voyage plus vite que les officiers de sa suite, répondit l'un de nous.

— Je suis très-content de vous revoir; on m'a parlé du pillage du camp par les paysans rebelles; puissent les noms de leurs pères et de leurs mères être maudits! Le Khan m'a tout conté. Je serais bien aise d'avoir de nouveaux détails.

Nous rapportâmes ce que nous avions vu, et seulement ce que nous avions vu. Le roi devint furieux en nous écoutant.

— Et dire, murmura-t-il, que ces misérables ont osé toucher de leurs mains impures des vêtements portés par moi! Par la tête de mon père, ils me le payeront cher.

— J'ai appris, sire, observa le barbier, que le Nawab s'est emparé des principaux coupables, qu'il les amenait ici pour les abandonner au courroux de Votre Majesté.

— Ils mourront tous, fussent-ils au nombre de cent; nul pouvoir sur terre ne pourra les sauver!

Telle fut la sentence prononcée par le « *Refuge du monde entier.* »

Nous vîmes plus tard ces malheureux qu'on conduisait au palais.

Certes, ils étaient féroces, et ressemblaient fort à des assassins : chacun fut attaché à un poteau, comme cela se pratique pour les voleurs en Angleterre. Ces gens-là portaient des balafres produites par des coups de sabre, d'épée et de poignard, et leurs blessures n'avaient pas été pansées. Ils étaient à peu près une douzaine; le roi les avait condamnés à mort, et ils eurent la tête tranchée dans la même journée.

Étaient-ils bien les principaux coupables dans le pillage du camp? Je ne puis l'affirmer. Le Nawab fut cru sur parole; d'ailleurs il était de son intérêt d'apaiser la colère du roi par ce sacrifice, et si ces pauvres gens étaient seulement des paysans inoffensifs pris pour être mis à mort par les soldats indisciplinés du Nawab, cette exécution n'est pas plus affreuse que celles qui se passent tous les jours dans les Indes, non-seulement dans les pays gouvernés par les indigènes, mais encore dans les Etats soumis aux Anglais.

Un grand crime n'est jamais commis sans que la police découvre quelques malheureux qui sont punis comme coupables, car on va souvent jusqu'à jurer qu'ils sont les auteurs du délit.

La justice est fort expéditive dans le royaume d'Oude, où on ne trouve de prison qu'à Luknow. Toute fois qu'un homme est arrêté comme voleur, si le soupçon a le moindre fondement, si l'accusateur prête serment, c'est une tête qui tombe. *Les chuklidars* (les juges) n'ont pas le temps de rendre la justice d'après la mode européenne.

V. — Les favoris de Nussir-u-Deen.

La carte à payer mensuelle du barbier. — Le Mohurrim. — Le poète danseur. — Un caprice. — Mon ami de Calcutta. — Le bâton d'argent. — Combat d'éléphants. — Faveur royale. — M. et mistriss Smith. — Le « killut » ou le présent du roi. — Départ de mon ami.

Sous un gouvernement pareil et au milieu d'un peuple aussi soumis à l'autorité que l'est généralement celui de l'Inde, il est facile de croire que la faveur d'un souverain n'a pas de bornes.

Le barbier offrait l'exemple extraordinaire d'un homme qui avait su obtenir et conserver l'affection de Nussir-u-Deen, quoiqu'il sût à peine parler la langue du pays et que le souverain s'exprimât très-mal en anglais.

J'ai déjà parlé du titre de noblesse qui lui avait été conféré, de la grande autorité qu'il exerçait dans le palais, et du monopole de fournir les provisions d'Europe dont jouissait *le marquis de la pommade et du fer à friser*. Cet homme était aussi chef de la ménagerie, et par le fait gardien du parc. J'eus une fois, une seule fois, l'occasion de prendre connaissance des notes qu'il présentait tous les mois à Sa Majesté.

Cela se passait après le *tiffen* (le goûter) au moment où nous sortions généralement du palais pour n'y revenir qu'à neuf heures pour le moment du dîner. Le favori entra portant à la main un rouleau de papier.

Dans les Indes, les longs documents, tels que ceux qui ont rapport à la justice et au commerce, ne sont pas ordinairement écrits sur des livres ou sur des feuilles attachées les unes aux autres, mais bien sur une longue bande formée de feuillets joints ensemble, et le tout est roulé comme une carte de géographie.

— Ah! ah! Khan! dit le roi en l'apercevant, c'est la carte à payer du mois, n'est-ce pas?

— Oui, Votre Majesté, répondit le barbier en souriant.

— Venez, donnez-la-moi; voyons-en l'addition, déroulez-la Khan.

Le roi était ce jour-là de bonne humeur, et le barbier affichait toujours la même disposition d'esprit que le monarque.

Nussir-u-Deen s'empara d'une extrémité du rouleau et jeta le reste sur le plancher, afin de le mieux dérouler. Le papier atteignit l'autre côté du vaste appartement. Il y avait là une longue suite *d'item*, de chiffres très-fins et très-serrés. Le roi voulut mesurer. On apporta un mètre en cuivre, et, l'arpentage opéré, on vit que la note avait quatre mètres et demi de longueur. Je regardai le total : il montait à plus de quatre-vingt-dix mille roupies, plus de neuf mille livres sterling.

Le roi y fit aussi attention.

— Mon compte est plus fort que d'habitude, Khan, dit-il tout en observant le coiffeur royal.

— Oui, Votre Majeste, c'est à cause de la vaisselle plate, de vos nouveaux éléphants, etc., etc...

— Ah! c'est vrai; je sais, fit le roi en l'interrompant; portez cela au Nawab, et dites-lui de vous payer.

Tout en parlant ainsi, il apposa sa signature au bas du compte, et le mémoire fut acquitté le jour même.

Quelques mois après, un courtisan en crédit dit à Nussir-u-Deen que le Khan le volait et que ses comptes paraissaient être exorbitants.

— Si je veux enrichir le Khan, répondit le roi, cela ne regarde ni vous ni personne. Je sais que ses notes sont exagérées, mais peu importe, puisque c'est mon plaisir : il sera riche, je le veux.

Le barbier ne fut d'ailleurs pas le seul qui jouit du capricieux favoritisme de Sa Majesté Nussir-u-Deen, je citerai bientôt un autre exemple de ce genre, poussé jusqu'à la dernière extravagance.

Pendant huit jours nos dîners furent interrompus, à cause de quelques fêtes que célébraient les indigènes, mais quand la semaine fut écoulée, le roi qui bâillait, demanda à s'amuser.

— N'aurons-nous donc pas quelque divertissement ce soir! dit-il à son Olivier-le-Daim; allons, Khan, je voudrais bien assister à un combat de cailles.

Le barbier se leva pour donner des ordres; quand il revint, le roi lui demanda si ses ordres étaient remplis.

— Rien n'est plus aisé, sire, que de satisfaire cette fantaisie, répondit le barbier.

Les cailles étaient là, et le combat commença entre les deux oiseaux rivaux.

L'époque du Mohurrim arriva. Pendant quarante jours, nous ne vîmes le roi que par hasard, lors du déjeuner matinal. Tout le temps que dura le Mohurrim, il n'y eut, au palais, ni danses, ni dîners à l'européenne.

Avant de monter sur le trône, Nussir-u-Deen avait fait vœu, s'il y parvenait jamais d'observer le Mohurrim quarante jours au lieu de dix, comme c'était l'usage, et il accomplit religieusement son vœu.

Le Mohurrim avait interrompu nos fêtes, qui recommencèrent bientôt.

Un jour, le monarque parcourait une route publique qui traversait le *Rumma*, autrement dit le parc. Nous nous rendions tous à Chaun-Gunge, un des jardins de ses palais, où avaient lieu ordinairement les combats d'animaux féroces.

Nussir-u-Deen se promenait dans une voiture découverte, harnachée à l'européenne. Son cocher irlandais, homme fort comique, se trouvait hissé sur son siége, d'où il conduisait quatre chevaux arabes. Le temps était magnifique, le roi ordonna au cocher d'aller lentement, afin de pouvoir respirer l'air frais. On était au mois de décembre. L'atmosphère était embaumée, et les rayons du soleil répandaient une douce chaleur.

Nous chevauchions derrière le carrosse, suivis par les gardes du corps. Chacun à son tour, l'un de nous se plaçait à la portière, tenait son chapeau à la main, et conversait avec Sa Majesté. Tous nous nous découvrions quand le roi se tournait vers nous pour nous adresser la parole. Le gouverneur chevauchait à côté de la voiture, lorsqu'un indigène, presque nu, d'une haute taille, et d'une force prodigieuse, en apparence, s'élança de l'un des côtés de la route et commença à danser et à chanter une mélodie sauvage. Le roi se retourna pour regarder cet homme. Un ou deux des gardes voulurent chasser le pauvre garçon, mais Sa Majesté commanda qu'on n'en fit rien; puis il dit au cocher d'arrêter. Nussir-u-Deen n'agissait jamais que par caprice. Dans toute autre circonstance, il aurait probablement ri de bon cœur en voyant les gardes maltraiter le vagabond.

Péeroo, — tel était le nom du chanteur, — fut ravi de l'attention qu'on lui prêtait. Toute la cavalcade s'arrêta pendant que la danse et le chant continuaient. Péeroo avait composé lui-même cette mélodie, dans laquelle il avait intercalé certains gracieux compliments, certaines ingénieuses flatteries, qui charmèrent le roi. Il ordonna à un de ses serviteurs de donner à Péeroo cinq mohurs d'or, — somme égale à huit livres sterling.

— Je veux t'entendre demain au palais, dit le roi au pauvre diable en continuant sa route, tandis que Péeroo l'assurait que la faveur de « *l'asile de l'univers* » était pour lui ce qu'est la chaleur du soleil pour les palmiers.

Péeroo était poète, et à ce titre il montrait fort peu de timidité. Le lendemain même il se présenta au palais, offrit au roi de lui faire entendre une nouvelle chanson; mais celui-ci demanda celle qui lui avait plu la veille.

Chaque jour, l'heureux Péeroo parut à la cour, et chaque jour le roi écoutait la même mélodie, y trouvant assurément des beautés inconnues aux autres. Les largesses pleuvaient sur la tête du fortuné ménestrel, qui devint bientôt un personnage à Luknow.

Avant la fin du mois, le Nawab imita son maître, et fit des présents à Péeroo; le commandant en chef, ainsi que le Rajah Buktawir-Singh, principal magistrat de la police, suivirent cet exemple; l'argent abondait dans les mains de Péeroo.

Il était évident que l'aventurier devait occuper un jour ou l'autre un haut rang parmi les nobles du royaume d'Oude. Le peuple s'inclinait même quand il passait. Assurément, cela ne devait pas durer, et cela ne dura pas en effet. Des appartements avaient été préparés dans le palais pour Péeroo; on le couvrit de beau linge, il fut vêtu de pourpre. Le Nawab, le commandant en chef et Rajah Buktawir-Singh, trois hauts principaux indigènes qui étaient à la cour, lui parlaient comme à leur égal; Péeroo portait en vrai sybarite ses magnifiques vêtements : il acceptait tous ses honneurs. Etait-il toujours poète, et pensait-il encore à retourner dans son désert?

Il finit pourtant par chanter rarement devant Sa Majesté;

mais il n'en continua pas moins à être en faveur. Quand je quittai Luknow, — environ dix-huit mois après avoir vu le favori s'élancer du côté de la route, et ressemblant à un homme des bois, menacé par les gardes comme s'il eût été une bête fauve, — Péeroo était un noble de haute volée à la cour.

J'ai oublié le titre qu'il portait, mais probablement il avait été nommé Singh, et ensuite Rajah; car Péeroo était de race hindoue, et les titres de Rajah et de Singh sont des dignités nationales particulières à l'Inde, tandis que Nawab et Meer sont des titres musulmans.

Je ne crois pas pouvoir laisser sous le silence la visite d'un de mes amis de Calcutta, qui fut depuis shériff dans le comté de Middlesex; cet Anglais plut aussi très-particulièrement au roi.

J'étais depuis quelques mois établi à Luknow, lorsqu'il m'écrivit d'Allahabad : il retournait en Angleterre, et désirait, avant son départ, visiter les contrées septentrionales du pays. Le but de sa lettre était de me demander s'il lui serait possible, en venant à Luknow, d'assister à quelques combats d'animaux, de voir la cour et les curiosités particulières de cette ville, pour lesquelles la capitale du royaume d'Oude était renommée.

Mon correspondant était négociant, il avait gagné beaucoup d'argent à Calcutta, et avait été l'un de mes amis intimes pendant mon séjour dans cette ville. Les gens qui font fortune trouvent toujours des personnes disposées à les obliger. Je désirais lui être agréable, et je répondis aussitôt à sa demande en l'invitant à venir, et je lui disais que je pourrais, non-seulement lui montrer les hauts dignitaires du palais, mais encore lui faire apercevoir le roi et le mener à la ménagerie.

Il m'était impossible de promettre davantage; cependant, un de mes camarades, avec lequel je causais à ce sujet, me fit remarquer que le barbier, s'il était disposé, pouvait facilement engager Nussir-u-Deen, à donner un combat d'animaux sauvages et d'éléphants.

— Essayons toujours, ajouta-t-il, rien ne nous empêche d'essayer.

Il y avait une salle de billard dans la maison du barbier, elle était entretenue aux frais du roi et destinée aux Européens de sa suite. Nous nous y assemblions souvent. On y rencontrait toujours l'un de nous vers le milieu de la journée. Je trouvai le favori occupé à jouer avec le capitaine des gardes du corps.

— Un de mes amis, M. Rowell, de Calcutta, vient d'Allahabad, pour visiter Luknow, dis-je au Khan, j'aime à espérer qu'il pourra voir la ménagerie.

— Oh! certainement, répondit gracieusement le barbier, je vous donnerai un *chobdar* (un bâton d'argent) pour l'accompagner si vous le désirez.

Le favori était gardien du parc et surintendant de la ménagerie; son *chobdar* devait suffire pour que nous puissions tout voir.

— Je ne pense pas qu'il y ait moyen d'assister à un combat d'éléphants? demandai-je au barbier, d'un air nonchalant, tout en examinant le jeu.

— Mais pourquoi pas, mon capitaine? De par Jupiter! malheureusement, je ne crois pas qu'il y ait, à cette heure, deux éléphants entraînés, répondit le barbier; puis, après une pause d'un instant, il se tourna encore vers moi et m'adressa brusquement cette question :

— Votre ami est-il négociant? croyez-vous qu'il puisse me faire placer de l'argent dans la Compagnie des Indes?

— C'est un négociant, et sans doute vous avez entendu parler de M. Rowell, de la maison Rowell, Brown et compagnie; il est fort riche, et je suis persuadé qu'il fera tout ce qui dépendra de lui pour vous rendre service.

— C'est bien; j'arrangerai tout suivant ses désirs. S'il n'y a pas d'éléphants entraînés, nous aurons des tigres et peut-être des rhinocéros. Comptez sur moi..... Attention à votre bille rouge... c'est le jeu!..... Ah! capitaine, je vous dois cinquante roupies.....

Je me retirai très-content.

Mon ami arriva le lendemain matin; je me rendis à la réception particulière, pour entendre ce qui s'y dirait au sujet du combat d'animaux. Le barbier coiffait Nussir-u-Deen, et tout en le coiffant il causait avec lui.

La conversation était finie quand celui-ci prononça ces paroles :

— Il y a longtemps que Votre Majesté n'a assisté à un combat de bêtes féroces.

— Pooh, répliqua le roi, j'en suis fatigué; d'ailleurs, je ne pense pas qu'il y ait d'éléphants en état.

— Il y en a, sire, je m'en suis informé ce matin.

— Voudriez-vous donc en voir un? demanda le roi.

— Oui, si Votre Majesté le permet. M. Rowell, un des plus riches négociants de Calcutta, est arrivé ici; et comme il doit aller à Delhi, à Agra, et dans d'autres villes, il ne faut pas qu'il s'en aille sans emporter de bons souvenirs de Luknow.

— Oh! certainement non, répliqua le roi; qui plus est, je

pense qu'il peut nous être utile à Calcutta, en Angleterre, n'est-ce pas, Khan?

— Votre Majesté devine tout, continua le flatteur.

Il fut donc convenu que le combat aurait lieu le jour suivant, vers une heure, à Chaun-Gunge. J'allai rejoindre mon ami pour l'instruire du succès de mes démarches. Je le priai aussi d'être poli pour le barbier, qui avait fait tout cela pour lui.

— Poli pour lui; qui ne le serait pas? Mais c'est le favori du roi, un noble! Oh! bien sûr, je le serai.

M. Rowell, de la maison Rowell, Brown et compagnie, avait évidemment les premières qualités requises pour devenir un excellent courtisan.

Le *chobdar* me parvint à l'heure convenue, et nous partîmes pour visiter Luknow avant de nous rendre à la ménagerie et y voir les tigres. J'aurai beaucoup à dire plus tard, au sujet de ces animaux; mais dans ce moment, je ne puis interrompre mon histoire.

Devant la baguette magique, ou plutôt le bâton d'argent, le *chobdar*, toutes les portes s'ouvrirent : celles du palais, des bureaux du gouvernement; celles des magasins militaires, du *Tophana* (l'arsenal) comme aussi celles de l'*Emanbara*, que l'on appelle la cathédrale musulmane. On nous fit visiter aussi les mosquées, les jardins Constantia, le palais du général Martine, la ménagerie et le parc.

Le lendemain matin, nous nous dirigeâmes en voiture vers Chaun-Gunge, pour assister au combat d'éléphants. Tout y était préparé, comme c'est d'usage, pour ces sortes de spectacles. Il y avait une petite loge ressemblant à une petite maison de campagne, entourée d'un vaste enclos.

Chaun-Gunge est situé à trois milles de Luknow, de l'autre côté du Goomty. Je m'étais procuré un autre «*chobdar*.» J'installai mon ami dans une loge du rez-de-chaussée, d'où il pouvait très-bien voir le combat qui devait se passer dans la cour adjacente. Il m'était impossible de rester avec lui, car mon devoir m'obligeait à me rendre dans la galerie au-dessus, et de rester avec Nussir-u-Deen.

Les tymbales, — emblème de la royauté à Oude et portées seulement devant le roi et la Padshah-Begum, autrement dit la reine — les tymbales annoncèrent la venue du *Refuge du monde entier*. Je montai prendre la place qui m'était désignée, tout en m'excusant auprès de mon ami.

Le roi parut bientôt, et s'assit sur un sofa qu'on avait préparé pour le recevoir; les femmes qui devaient l'éventer se placèrent derrière lui. Quelques officiers de sa maison s'appuyèrent sur le parapet, tandis que d'autres posèrent leurs mains de chaque côté du sofa.

— M. Rowell de Calcutta, est-il venu avec vous? me dit le roi en se retournant de mon côté.

— Oui, sire, lui répondis-je.

— Où est-il donc?

— En bas, Votre Majesté, dans une tribune qui donne sur l'amphithéâtre.

— Pourquoi donc ne l'avez-vous pas amené ici?

— Je n'aurais point osé me permettre...

— Allons donc! c'est une plaisanterie; allez le chercher; il ne verrait pas bien à la place qu'il occupe.

Si je m'étais hasardé à introduire M. Rowell sans l'ordre direct du roi, probablement Nussir-u-Deen eût ordonné qu'il s'éloignât de *sa présence*.

Je descendis immédiatement.

— Le roi veut que je vous conduise près de lui, dis-je à mon ami.

— Je remercie beaucoup Sa Majesté, mais j'aime mieux rester ici, répondit-il froidement.

— Il faut que vous veniez. Ce serait une insulte si vous agissiez autrement.

— Il y a certains hommes qui ont en eux une grande confiance, dit-il tout en se préparant à monter à la galerie.

— Arrêtez, arrêtez, ne soyez pas si pressé! m'écriai-je en le retenant; vous ne pouvez vous présenter devant le roi les mains vides. Vous devez lui offrir un présent de quelques mohurs d'or.

— Je n'en ferai rien. Eh quoi! je paierais quelques mohurs pour voir son visage.

Je lui expliquai que c'était seulement pour la forme; que le roi ferait un signe de tête ou toucherait la monnaie du bout des doigts, eu égard à son impression de froideur ou d'amitié, et que cette cérémonie une fois accomplie, il remettrait l'or dans sa poche.

J'envoyai chercher les *mohurs*. On me les apporta, et mon ami, bien dûment préparé, monta l'escalier après avoir couvert sa main ouverte d'un mouchoir blanc, sur lequel les pièces d'or se trouvaient étalées. Il s'avança près de Nussir-u-Deen, qui fixa sur lui un regard scrutateur, et plaça ensuite sa main sur la sienne en touchant l'or avec les doigts de l'autre main. C'était une marque de grande faveur, et mon ami devait en être trèsflatté. Bien au contraire, il se montra très-embarrassé. Il me raconta plus tard qu'il avait cru que le roi allait prendre les *mohurs*, et qu'il aurait alors fermé la main pour l'en empêcher, « car on ne peut avoir confiance en ces misérables Hindous » ajouta-t-il.

Du reste, il s'était senti fort soulagé quand Nussir-u-Deen avait retiré sa main, et qu'il lui avait été possible de remettre le contenu de la sienne dans sa poche.

On donna le signal du combat, et les éléphants s'avancèrent l'un contre l'autre. Cette bataille n'eut rien d'extraordinaire elle finit par la fuite de l'un des deux combattants. Mon ami paraissait s'amuser beaucoup, et le roi s'en montra très-satisfait. Avant que le spectacle fût fini, Nussir-u-Deen était tellement enchanté de sa nouvelle connaissance, qu'il l'invita à s'asseoir près de lui. M. Rowell, ne sachant pas s'il devait accepter, puis qu'il nous voyait tous debout, hésita et refusa en disant « qu'il était très-bien. » Rien ne pouvait être plus impoli; car le roi avait l'intention de lui faire un grand honneur. Dans toute autre circonstance, une telle grossièreté aurait attiré sur le coupable un froncement de sourcil et l'ordre de sortir. Mais le roi était de bonne humeur; il rit de la réponse de M. Rowell, et réitéra son invitation. Mon ami me regarda d'un air désolé; le rire qu'il avait excité l'effrayait, il croyait avoir commis quelque maladresse involontaire. Je l'engageai à s'asseoir, et il se plaça à l'extrémité du sofa, se sentant fort mal à l'aise. Les femmes éventèrent le monarque et son hôte, suivant les règles de l'étiquette.

Dès que le spectacle fut achevé, nous nous disposâmes à monter sur notre éléphant. Seulement j'accompagnai Sa Majesté jusqu'à ce qu'elle eût pris place dans sa voiture.

— Nous dînerons seuls aujourd'hui, amenez votre ami avec vous, me dit le roi en s'arrêtant un instant, tout en s'appuyant sur le bras de son favori.

— Vous avez de la chance, mon ami, m'écriai-je en m'asseyant sur l'éléphant avec M. Rowell, vous dînerez avec Sa Majesté.

— Que le diable l'emporte! fit-il d'une manière très-irrévérencieuse, j'aimerais mieux dix mille fois dîner avec vous, sinon tout seul.

— Cela ne se peut pas. A vrai dire, vous avez déjà atteint le grade de favori, et le roi vous a fait un grand honneur en vous engageant à vous asseoir.

— C'est un honneur dont je me serais bien passé. J'étais beaucoup mieux debout qu'assis sur le bord coupant de ce sopha.

Cependant, quoiqu'il n'eût pas l'air de se soucier de cette gracieuseté du monarque hindou, M. Rowell était au fond enchanté d'avoir produit une impression aussi favorable. Il ne fallut donc pas beaucoup le prier pour qu'il acceptât ; il commença à soupçonner qu'on l'avait pris pour un courtisan et non pour un marchand; aussi donna-t-il plus d'attention à sa toilette que jamais peut-être avant ce jour-là.

Quand nous suivîmes le roi dans la salle à manger, Nussir-u-Deen voulut avoir son nouvel ami près de lui pendant le dîner.

— J'aime à croire, mon cher maître, que vous permettrez à M. Rowell de se placer à côté de moi, demanda le roi en se tournant du côté de son professeur; celui-ci s'éloigna. C'était encore un honneur rendu à mon ami M. Rowell, qui commençait à s'y accoutumer. Il accepta donc avec le plus grand sang-froid possible, comme s'il avait été toute sa vie habitué à dîner avec un monarque.

Les libations se succédèrent; on apporta même du vin de Champagne. Le cœur de Sa Majesté ne tarda pas à s'attendrir.

— Mon plus grand ami est maintenant en Angleterre, dit enfin le roi, et vous vous y rendez aussi, monsieur?

Le plus grand ami de Nussir-u-Deen était un ancien Résident avec qui le roi avait été très-intime.

M. Smith, tel était son nom, ne passait pas pour être d'une grande probité. Ce que je raconte se passait avant mon arrivée à Luknow; aussi je rapporte seulement ce que j'ai entendu dire.

M. Smith quitta Luknow avec soixante-quinze laks de roupies (750,000 livres sterling). La somme placée dans les affaires de la Compagnie au nom de M. Smith, était si considérable, qu'on prit des informations. Le gouverneur du Bengale prononça l'arrêt à huis-clos ; et le résultat fut tel que M. Smith quitta son poste et revint en Angleterre.

— Le plus grand de mes amis est maintenant en Angleterre, répéta le roi, et vous vous y rendez aussi?

L'émotion du cœur et le Champagne commençaient à troubler la raison royale.

— Et qui donc a l'honneur d'être l'ami intime de Votre Majesté? demanda presque hardiment M. Rowell.

— Quoi! ne le savez-vous pas? c'était M. Smith; il occupait ici le poste de Résident, répliqua Sa Majesté.

— M. Smith! s'écria M. Rowell. M. Smith! mais j'ai été son agent. Je l'ai beaucoup connu.

— Vous l'avez connu, mon ami, mon bon ami, mon très-cher ami. — Vous l'avez connu, dites-vous? Je l'aimais; en! mais, n'en parlons pas, maintenant. Boppery-Bopp! cela me ferait pleurer. Remplissez vos verres, gentlemen, et buvons rasade à la santé de M. Smith.

Et sans trop nous faire prier, nous bûmes tous un verre de Champagne en l'honneur de l'ex-ami du roi.

— Maintenant, messieurs, continua Nussir-u-Deen, remplissez encore vos verres, et vidons-les deux fois à la santé de mistress Smith.

Deux verres de Champagne disparurent encore dans le gosier de chaque convive.

Le roi succombait; l'émotion qu'il éprouvait et la chaleur du Champagne étaient trop fortes pour lui.

— Verrez-vous en Angleterre mon meilleur ami, M. Smith?

— Oui, sire, j'ai des affaires à régler avec lui, répondit M. Rowell.

Le roi détacha de sa ceinture sa belle montre enrichie de pierreries; — une montre excellente qui avait coûté quinze mille francs à Paris; il prit la montre et la chaîne et passa la chaîne autour du cou de mon ami.

—Promettez-moi, dit-il, promettez-moi comme un... *hic*, *hoc*... foi de gentilhomme, que vous mettrez cette chaîne... *hic*, *hoc*... autour du cou de mistress Smith, comme je l'ai... *hic*, *hoc*... mise au vôtre... *hic*, *hic*... promettez-le-moi.

— Je vous en donne ma parole, sire, je le ferai si elle veut bien me le permettre, répondit prudemment M. Rowell.

— Dites-lui qu'elle vient de moi, et elle y consentira... *hic*, *hoc*... Khan, allez commander un *Killut* pour mon ami, un « Killut » de grande valeur, et..... *hic*, *hoc*... vous y ajouterez cinq cents mohurs d'or.

Le « Killut » ou le présent du roi, fut bientôt apporté. Il consistait en deux châles de Kashmire, d'un travail superbe, et deux mouchoirs de cou; à l'aide du barbier, Nussir-u-Deen les posa lui-même sur son nouveau favori. M. Rowell étouffait, car il faisait très-chaud, mais peu lui importait, il était en grande faveur.

Le festin dura jusqu'au matin. Sa Majesté ne parla que de ses amis M. et mistress Smith; aussi ne serait-il pas prudent pour moi de rapporter toutes ses paroles.

Nos palanquins nous attendaient à la fin du repas qui se termina bruyamment.

On accompagna jusqu'à l'entrée de ses appartements particuliers le roi, qui prit un congé affectueux de M. Rowell, revêtu toujours de ses présents. Je suivis mon ami jusqu'au portique, où étaient nos véhicules. La distance était courte, mais les escaliers fort larges.

Le lendemain matin, avant que notre déjeuner fût achevé, nous vîmes paraître un serviteur du Nawab ; il était porteur d'un sac contenant cinq cents mohurs d'or qu'il posa sur la table, car ils faisaient partie du Killut du « *Refuge du monde entier* », destiné à Rowell Saheb. Le premier mouvement de mon ami fut de refuser. Je l'assurai qu'il ne pouvait faire une plus grande insulte au roi, mais cependant j'eus beaucoup de peine à le persuader d'accepter les huit cents livres qu'on jetait ainsi dans sa bourse.

L'étiquette de la cour exigeait qu'il les prît sans hésitation ; agir autrement aurait signifié que ce n'était pas assez, et qu'il cherchait à offenser Sa Majesté.

Un messager du roi vint bientôt après m'ordonner de me rendre au palais. Je ne perdis pas de temps, et je rejoignis Sa Majesté, qui s'écria dès qu'elle me vit :

— Je suis enchanté de votre ami ; il m'a charmé. Dites-lui que s'il veut rester ici et entrer dans ma maison, il deviendra mon meilleur ami.

Il était visible que tout ceci inquiétait le barbier, car il me rencontra à la porte, et me parla en ces termes :

— Pensez-vous que Rowell daigne consentir?

— Je n'en sais rien ; j'ai vu seulement qu'il paraît enchanté que le roi l'ait remarqué.

Je revins chez moi, et m'acquittai de la commission du roi. Tout paraissait inutile. L'Angleterre, le pays natal, offraient plus d'attractions que l'exil et la faveur du souverain ; aussi M. Rowell se montra-t-il très-reconnaissant, mais encore plus décidé à partir, et il quitta Luknow le soir même.

Mes lecteurs doivent avoir remarqué l'énormité des dépenses du roi d'Oude : mille roupies et cinq cents mohurs d'or données aux moindres favoris, et plus de dix mille livres payées tous les mois pour acquitter la note du barbier ! Grâce à ces dépenses, le trésor de Sa Majesté devait s'épuiser promptement. La remarque du lecteur est juste et bien fondée ; les revenus du royaume d'Oude dépassent la somme de plus d'un million et demi par an, à l'aide de laquelle il faut entretenir des troupes et le luxe d'une cour. Mais on se souvient probablement que Ghazi-u-Deen, père de Nussir, avait laissé son trésor bien rempli, et que Nussir l'épuisa.

Outre le revenu ordinaire, on opère constamment des confiscations à Luknow ; on impose sans cesse des amendes, dont le montant est plus fort que celui des présents offerts par le monarque. Les membres de la famille royale possèdent une immense fortune, et au besoin on la met à contribution. Malgré toutes ces ressources, pendant les deux dernières années du règne de Nussir-u-Deen, une très-grande pénurie d'argent s'est fait sentir dans le palais du roi de Luknow.

VI. — Les curiosités de Luknow.

La salle du trône. — Le lever du roi. — L'« Emanbarra. » — Constantia. — Le général Martine. — Les mosquées et les maisons de Luknow. — Appartements souterrains. — Les mendiants de Luknow.

J'ai encore quelques détails à donner sur le palais royal, — le « Furced Buksh. » — Son étendue, ses nombreuses cours, ses bosquets, ses lacs artificiels, ses jardins et ses communs offraient à la vue un coup d'œil des plus pittoresques. Dans les appartements intérieurs, la richesse des tentures, la profusion des dorures, les ornements fantastiques, les curiosités sans pareilles, les lustres aux branches multiples, les candélabres accrochés à tous les angles, à toutes les saillies, éblouissaient les yeux et remplissaient d'étonnement.

Je veux décrire avant tout la salle du trône. Nussir-u-Deen s'était plu à l'orner à sa guise, comme il l'avait fait des autres salles d'apparat. Les murailles étaient recouvertes de tentures soyeuses de pourpre et d'or, tissés ensemble, et rien n'était plus imposant que l'aspect de ces brillantes draperies. Les fenêtres, placées à quelques pouces du plafond, jetaient une lumière grandiose, ce qui, dans les jours de cérémonie et de réception, doublait la solennité de la fête. Çà et là, entre les intervalles des tentures, étaient appendus plusieurs portraits en pied de la famille royale d'Oude, qui, à peu d'exceptions près, étaient assez bien peints.

L'évêque voyageur Héber a écrit, avec raison, dans la relation de ses aventures, que le peintre de portraits du roi Ghazi-u-Deen eût mérité certaines distinctions à Londres ou à Paris.

Le trône du monarque de Luknow occupait la place d'honneur, située au haut bout de la salle, et le travail de ce siége était vraiment fort remarquable. Il était placé sur une plate-forme de deux mètres carrés, élevé à deux pieds du plancher, et on y arrivait par devant à l'aide de six marches. Des trois côtés de cette plate-forme, il y avait une balustrade dorée. Les appentis de la plate-forme étaient d'argent massif, dans lequel on avait enchâssé des pierres précieuses. Les premiers rois ou Nawabs de Luknow et du pays d'Oude étaient dans l'usage de s'asseoir à la manière orientale, les jambes croisées sur un riche coussin placé sur une estrade, mais Nussir-u-Deen était trop civilisé à l'européenne pour suivre un pareil usage. Il s'était fait faire un superbe fauteuil d'or, incrusté d'ivoire, qui remplaçait pour lui, très-confortablement, le coussin ou *musnod* de ses ancêtres.

Au-dessus du trône, on avait dressé un dais carré, supporté par de longues perches de bois, recouvertes de feuilles d'or, et incrustées de diamants, de perles et de pierres précieuses. Au centre de l'un des baldaquins du dais on apercevait une énorme émeraude, qui passait dans le pays pour être la plus grosse du monde entier. Les draperies du trône se composaient de velours cramoisi richement brodé d'or, et tout autour du dais, il y avait une frange de perles fines. Au côté droit de ce trône splendide, une chaise dorée restait toujours placée, en cas où le Résident anglais assisterait aux réceptions du roi.

Chaque fois qu'il y avait un *durbar* public, autrement dit un conseil royal, la noblesse d'Oude, aussi bien que tous les officiers choisis par le Résident anglais, étaient présentés au roi, suivant l'usage; ils venaient porter à Nussir-u-Deen le présent de rigueur, étendu sur la main, dans un mouchoir, et ils courbaient la tête très-bas devant leur souverain. Quand Nussir-u-Deen était disposé à se montrer aimable, il touchait le présent du bout des doigts, tandis qu'il se contentait de saluer à distance, s'il était mécontent de celui qui le présentait. Le Nawab, autrement dit le premier ministre, s'emparait ensuite du présent et le plaçait sur un des côtés de l'estrade, tandis que celui qui l'avait offert se retirait à gauche, s'il était citoyen d'Oude, ou à droite, s'il était Européen. Lorsque tous les présents avaient été offerts, le roi passait un collier au cou du Résident anglais, qui, à son tour, lui rendait le même honneur. Un moment après, les « *deux souverains* » s'avançaient en se donnant la main, au milieu des solliciteurs, et distribuaient des colliers à ceux surtout que le Résident désirait honorer. Ces colliers, appelés *haards* dans le pays, étaient généralement faits de rubans d'argent. Il nous arrivait très-souvent, à nous cinq, de recevoir de ces colliers, et nous nous hâtions de les revendre à un des bijoutiers de Luknow, établi dans le voisinage, qui nous les payait d'ordinaire de cinq à vingt-cinq roupies, c'est-à-dire de dix à cinquante shellings.

Le roi conduisait le Résident jusqu'à la porte de la salle, versait dans ses mains un flacon d'essence de roses, en s'écriant : *Rhoda-Kafirs !* c'est-à-dire : que Dieu vous accompagne ! Et sans rien ajouter de plus, il hâtait le pas pour rentrer dans ses appartements particuliers, où le lunch était servi.

Une fois assis, le roi abdiquait tout le cérémonial d'usage : il s'étirait, bâillait, frappait les mains l'une dans l'autre en s'écriant, tout en prenant place autour de la table :

— *Boppery-Bopp !* (Dieu soit loué) *Taza be taz !* (nous en voilà débarrassé). Mais je meurs de soif. Oh ! que tout cela est ennuyeux !

L'*Emanbarra* du roi d'Oude, ce palais que l'on nomme *Phah-Nujeef*, est indubitablement l'édifice le plus remarquable de Luknow, pour l'élégance et la solidité de son architecture. Un Emambarra est une construction élevée par les soins de la secte des Moslum, nommés Sheahs, et destiné à la célébration du Mohurrim, dont nous donnerons la description dans un des chapitres suivants. Chaque famille de distinction possède un Emambarra, dans les caveaux duquel il est d'usage de faire enterrer les personnages les plus distingués.

L'Emambarra royal est bâti près de la porte de Constantinople, — à Luknow — (le Room-i-Durvaza), construction qui rappelle, par sa forme et son architecture, celle de l'ancienne Byzance, qui a fait donner au sultan le titre de la « Sublime Porte. » Les deux monuments de Luknow, l'Emambarra et la Porte, sont très-élégants, et s'harmonisent bien entr'eux. On trouve devant chacun de ces édifices deux cours carrées, pavées de mosaïques et de carreaux de marbre de différentes couleurs. La plus petite de ces deux cours s'élève de plusieurs pieds au dessus de l'autre.

L'Emambarra appartient à ce style d'architecture que l'évêque Héber a nommé le « gothique oriental, » et il se compose de minarets musulmans et de dômes pointus des temples hindous. En somme, c'est un palais grandiose et d'un fort bel aspect. La salle du milieu est d'environ cent cinquante pieds de long sur cinquante de large. Il me suffira, pour prouver la magnificence de cette salle, de dire qu'un écrivain sérieux a publié, dans la *Revue de Calcutta*, un article descriptif, dans lequel il assure qu'un des plus puissants Nawabs d'Oude, Asoph-u-Dowlah, avait dépensé une somme de « un million de livres sterling » rien que pour y placer des lustres et des candélabres.

De l'Emambarra, rendons-nous à Constantia, longue suite insignifiante de constructions élevées à grands frais par un Français, le général Martin. Cet étranger, entré fort jeune, comme soldat, au service de la Compagnie des Indes, vers la fin du siècle dernier, avait ensuite pris du service dans les rangs de l'armée du roi d'Oude, et avait peu à peu conquis le grade de général, tout en amassant des richesses considérables.

Martin aimait fort les combats de coqs, et se plaisait infiniment à accepter les paris du Nawab, alors régnant sur Oude, Saadut-Ali.

Le général Martin est mort en laissant à la ville de Lyon, son pays natal, une somme de cent mille livres sterling pour élever un hospice destiné aux orphelins. Une somme pareille fut aussi consacrée par lui à faire bâtir une institution du même genre à Calcutta, et il en agit de même, par un legs semblable, à l'égard de la ville de Luknow. Chacun de ces hospices, nommé la Martinière, d'après la volonté du donateur, est en pleine voie de prospérité. Constantia, résidence du vieux général français, sert maintenant, d'après les ordres posthumes du serviteur de Saadut-Ali, à l'usage de caravansérail. Ce nom de Constantia fut, assure-t-on, inspiré par celui d'une jeune fille aimée par Martin, à Lyon, et qui était morte dans cette ville avant que celui-ci, qui pensait toujours à elle, eût atteint le but ambitieux qu'il poursuivait.

Afin d'empêcher les Nawabs d'Oude de s'emparer de cette propriété, Martin se fit enterrer au centre de son habitation, et désormais aucun Musulman n'oserait violer ce tombeau. Le sarcophage du général est placé dans une crypte souterraine, que l'on ouvre à tous ceux qui veulent la visiter. Un buste, supporté par deux cippes, s'élève au milieu de l'estrade de marbre, et toute cette construction funèbre est d'un goût fort douteux.

Lorsque le général Martin mourut, on vendit son mobilier à l'encan, et les agents de la Compagnie des Indes achetèrent les lustres et les candélabres de son palais pour en orner le palais du gouverneur général de Calcutta. On fit, à ce qu'il paraît, une excellente affaire, car le roi d'Oude n'osa pas aller sur les brisées de la Compagnie, ce qui réjouit fort les Anglais, et en particulier le gouverneur. Jamais flibustiers de bas étage ne s'étaient mieux entendus pour dépouiller la succession d'un mort!

En disant que Constantia est un édifice d'une vaste étendue et d'une grande originalité, on donne une idée parfaite de cette construction. Il y a là, dans le jardin, certains sites qui rappellent Versailles, et je citerai entre autres une pièce d'eau en forme de croix, bordée de tous côtés par des berceaux de feuillage. Quoiqu'il soit évident qu'on a dépensé d'énormes sommes pour obtenir ce résultat, on trouve généralement cela fort bizarre et sans harmonie.

Les cours et les fontaines de Constantia sont d'un style français, tandis que les tours et les dômes appartiennent à l'architecture asiatique. Si les appartements ressemblent aux salons d'un palais européen, les verandahs, et abat-jour sont essentiellement faits pour les Hindous. Grandeur et fantaisie, telles sont les qualifications propres à Constantia.

Les mosquées et les bazars de Luknow ressemblent si fort à tous ceux des villes orientales, qu'il m'a paru inutile d'en donner ici la description. Une seule chose les distingue des autres, c'est la présence d'hommes armés qui passent et repassent, sans cesse, d'une salle à une autre.

Les nobles et les puissants de Luknow ne se promènent jamais hors de chez eux sans être accompagnés par leurs gens, armés de pied en cap. Plus il y en a, plus celui qu'ils entourent est et doit être riche. Rien n'est plus ordinaire que de voir deux de ces troupes en venir aux mains dans les rues de la ville, sans qu'il y ait trop de raison pour cela. Tandis que les gens pacifiques évitent de se rendre sur les lieux du conflit, avertis par les cris et les détonations qui se font entendre, ceux qui aiment le bruit se hâtent de franchir la distance qui les sépare des combattants. Autrefois il ne se passait pas de jour où les rues de Luknow ne fussent ensanglantées.

Une des particularités des maisons les mieux bâties de Luknow que j'ai oublié de mentionner, c'est qu'elles ont des salles souterraines dans lesquelles les habitants se réfugient pendant les grandes chaleurs de l'été. N'est-ce pas un fait étrange que certains peuples emploient le même moyen pour se réchauffer pendant les rigueurs de l'hiver, tandis que certains autres adoptent un système pareil pour se préserver de la chaleur? Les extrêmes se touchent.

Dans le palais de Nussir-u-Deen, il y avait une salle de ce genre, creusée au-dessous du niveau des cours qui l'avoisinaient. L'atmosphère nous parut toujours à nous, les Européens, lourde et suffocante. Quant à moi je préférais mille fois l'air embrasé des appartements supérieurs à cette vapeur nauséabonde et délétère de la cave destinée au « Défenseur du monde. » Heureusement nos fonctions nous appelaient rarement dans cette salle souterraine, que le roi d'Oude paraissait aussi aimer fort peu. A vrai dire, le mouvement incessant des éventails de plumes qui se faisait autour de Nussir-u-Deen, dans la salle où il se tenait, suffisait pour empêcher le monarque de sentir la chaleur, quelle que fut l'élévation du thermomètre. S'il se rendait de temps à autre dans la salle souterraine du palais, c'était pour sacrifier à la mode du pays d'Oude, qui exige que tout homme comme il faut se tînt dans la crypte de sa demeure, à une certaine époque de l'année, mais Nussir-u-Deen, qui agissait toujours par caprice, se souciait fort peu de prolonger un ennui qui n'avait rien de confortable pour lui, et il se hâtait de reprendre ses habitudes.

On a si souvent raconté des détails fort bizarres sur la race des mendiants qui pullulent dans les rues et les bazars de Luknow, et qui passent pour être une des curiosités de la ville, que je me bornerai à en dire quelques mots seulement. Cette plaie de la civilisation est la même à Luknow que dans toutes les villes d'Italie, et principalement à Rome et à Naples. Mais un fait digne de remarque, c'est que dans la capitale d'Oude, on trouve plus de vieilles mendiantes que partout ailleurs dans le monde. Je signale le fait, sans en avoir trouvé la cause. Dans tous les quartiers de la ville royale, on rencontre des malades, des estropiés, des avortons des deux sexes, les uns encore jeunes, les autres vieux et décrépis; ceux-ci se livrant à des contorsions et poussant des cris affreux, ceux-là se contentant de se plaindre de temps à autre. Du reste l'habitude des nobles de Luknow de faire de grandes aumônes quand ils parcourent les rues, comme aussi à l'époque des cérémonies religieuses et des fêtes publiques, est bien faite pour encourager la mendicité et la paresse. Ordinairement, dès qu'un Hindou est assuré de trouver à vivre sans rien faire, il se montre patient au plus grand degré. La patience est une vertu qui ne se développe bien que sous les tropiques. Il est bon de remarquer encore, — chose inconnue sur le continent européen — que les mendiants de Luknow ne s'aventurent jamais sans armes hors de leur demeure. Les uns se plaisent à faire parade de leur panoplie ambulante, et du soin avec lequel ils fourbissent chaque pièce. « La lumière du soleil a brillé sur l'esclave de Monseigneur, et le pauvre esclave sera nourri, » vous dit un impudent et vigoureux gaillard, la lèvre ornée d'une épaisse moustache, armé d'un sabre et protégé par un bouclier, tout en vous tendant la main. — « Vous êtes, dit-il, la lumière du soleil qui a brillé sur moi, » et ce compliment vaut bien, à son avis, le salaire d'une journée

LA COUR D'UN RAJAH.

Les uns se plaisent à faire parade... (P. 80.)

de travail. Vous vous détournez avec dégoût, et alors, aussi tranquillement qu'il vous avait débité ses compliments, le mendiant vous fait part de son opinion sur les membres de votre famille et cela dans un langage très-débraillé et fort énergique, plutôt hardi et expressif qu'élégant.

Il n'y a pas de honte à faire le métier de mendiant à Luknow, et ce qui le prouve le mieux, c'est que ces drôles-là prennent des airs d'arrogance. Il est vraiment incroyable d'entendre ces vagabonds décider entre eux de la somme d'argent que tel ou tel noble doit leur payer à cette heure qu'il vient de lui arriver un fils, ou que sa fille s'est mariée. Ils savent d'une manière toute particulière ce que peuvent leur rapporter les fêtes et les cérémonies de chaque semaine. J'ai connu à Luknow un mendiant très-habile qui avait un éléphant à lui, et qui, chaque matin, faisait le tour de la ville pour demander l'aumône à certaines gens qui lui voulaient quelque bien!...

VII. — Le mangeur d'hommes.

Une rue déserte. — Les morts. — Le Mangeur d'hommes en liberté. — Burrhea. — Manœuvre des combattants. — Un bond de tigre. — Défaite. — Le Mangeur d'hommes victorieux. — Le successeur de Burrhea. — Les buffles sauvages. — Dernier triomphe du Mangeur d'hommes. — Sa destinée.

Je me promenais un jour en voiture dans les plus belles rues de Luknow; un ami m'accompagnait. Nous longions le Goomty en nous dirigeant vers l'un des palais du roi. La profonde solitude des rues nous frappa d'étonnement. Aucun habitant ne se montrait à quelque distance que ce fut, ou bien lorsque j'en apercevais un dans le lointain, il s'enfuyait dans une direction tout opposée à celle que je suivais.

Il arrive tant de choses étranges dans une cité livrée à la tyrannie capricieuse d'un homme qui n'est retenu par aucun frein, que nous n'éprouvâmes pas l'étonnement qu'eût ressenti tout nouvel arrivant d'Angleterre dans les mêmes circonstances. C'est quelque exécution, pensâmes-nous, un *exemple* et rien de plus.

Enfin, au milieu de la route, nous rencontrâmes une masse informe et sanglante qui avait cependant encore l'aspect d'un être humain. J'arrêtai mon *buggy* pour examiner de plus près ces restes inanimés. C'était le cadavre d'une pauvre femme indigène horriblement défigurée. Le corps, dépouillé de ses misérables vêtements, était meurtri et déchiré; la figure, qui paraissait avoir été mâchée, ne présentait plus de vestige de traits, et la longue chevelure déroulée sur la terre était teinte de sang: cette malheureuse avait expiré depuis longtemps, et nous nous éloignâmes aussitôt, mon ami et moi, pour fuir cet horrible spectacle.

Nous continuâmes à avancer sans rencontrer aucun signe de vie; les maisons étaient fermées; il régnait partout une terreur inexprimable. Presque aussitôt, nous aperçûmes le corps d'un jeune homme déchiqueté en lambeaux comme le premier, et abandonné sur le bord du chemin. Sur la terrasse d'une maison voisine, un des soldats du roi regardait attentivement sur la route dans la direction que nous suivions.

— Que se passe-t-il donc? lui demandai-je.

— Le « Mangeur d'hommes » s'est enfui, me répondit-il. Wallah! il va revenir; prenez garde à vous, Sahebs, car il est furieux aujourd'hui.

J'avais entendu parler d'un cheval sauvage qui appartenait à un soldat et qui portait ce nom, *Admee-Anawallah* ou « Mangeur d'hommes » parce qu'il avait causé la mort d'un grand nombre d'individus.

— Il arrive! Sahebs, s'écria le soldat. Prenez garde! prenez garde!

Au même instant, j'aperçus, au loin sur la route, un grand cheval bai, qui secouait avec violence un enfant qu'il tenait entre ses dents et qui se dirigeait vers nous au grand galop.

Aussitôt qu'il aperçut notre équipage, le cheval jeta l'enfant, mort sans doute, loin de lui, et se précipita avec furie à notre rencontre pour nous attraper. Il lui restait encore un espace considérable à parcourir; nous n'avions donc pas un instant à perdre. Je fis rapidement tourner bride à mon cheval, que la terreur emportait et qui volait plutôt qu'il ne courait; et je le lançais dans un galop désordonné vers un espace enclos de grilles de fer devant lequel nous avions passé peu de temps auparavant. La bête sauvage nous poursuivait d'une vitesse incompréhensible, et nous entendions déjà ses sabots résonner avec fracas sur le pavé, derrière nous.

Nous atteignîmes l'enclos et nous y entrâmes; mon compagnon sauta par terre et ferma la grille: ce fut l'affaire d'un instant. Heureusement, la fermeture ne se composait que d'une barre qui tombait dans un crochet; au moment même où sa chute nous mit à l'abri, le « Mangeur d'hommes » arriva en hennissant. Il avait la tête couverte de sang; ses mâchoires fumantes portaient les traces d'un carnage récent, et des gouttes de sang coagulé se collaient sur ses joues. Il nous regarda avec férocité à travers les barres de fer, les oreilles dressées, les narines ouvertes et les yeux hors de la tête. C'était un vrai monstre sauvage! Notre cheval frissonnait au bruit de ses hennissements, il frappait du pied et tremblait comme s'il avait eu froid. La brute sauvage continuait à nous surveiller et marchait autour de l'enclos comme pour y trouver une ouverture, mais le grillage était également solide partout. Dès qu'il eut reconnu l'inutilité de ses recherches, le « Mangeur d'hommes » se retourna, lança une ruade contre les barres de fer et s'enfuit au galop, la tête levée et les oreilles droites, vers un porche ouvert sur la route. Là plusieurs soldats l'attendaient; ils lui jetèrent un nœud coulant autour du cou et le renversèrent; puis on le musela et on le reconduisit à son écurie. On ne prit aucun soin, ni de la pauvre femme, ni du jeune homme et encore moins de l'enfant. A peine si quelques personnes de leur famille recueillirent leurs restes pour les enterrer.

Le soir même, je racontai ces tristes détails à la table du roi.

— Je n'ai jamais vu ce « Mangeur d'hommes », dit Nussir-u-Deen, ce doit être un fort bel animal?

— Oui, sire, mais il est plus sauvage qu'un tigre.

— Plus sauvage qu'un tigre! très-bien, nous le mettrons aux prises avec un de nos vrais tigres, alors. Je veux voir quel effet Burrhea produira sur lui.

Burrhea était le nom donné au tigre favori du roi, en souvenir d'un village au pied de l'Himalaya, où l'animal avait été capturé. Cette bête terrible ne s'était jamais battue avec les éléphants et les autres habitants de la ménagerie; le roi le gâtait et ne lui donnait que des adversaires faciles à vaincre.

Le jour suivant, dans la matinée, nous étions tous assemblés à Chaun-Gunge, dans la galerie d'une cour d'environ cinquante mètres carrés, entourée d'une verandah qui s'étendait autour des bâtiments. Une barrière de bambous fermait la verandah de tous côtés, aussi la cour ressemblait-elle à une immense cage. Le « Mangeur d'hommes » s'y était laissé amener à la suite d'une petite jument, un tattoo, comme on appelle les chevaux du pays, de peu de valeur, et qu'on avait sacrifiée d'avance.

Le roi était à moitié couché sur son sofa; le cortége ordinaire de ses femmes placées derrière lui, occupait tout le fond de la galerie. Nous étions assis à droite et à gauche de Sa Majesté, sur son divan, ou appuyés sur la balustrade. Chaque spectateur pouvait voir la cour dans toute son étendue, et les dames ne paraissaient pas les moins empressées à jouir du spectacle.

Sur l'ordre du maître, la cage de Burrhea fut apportée devant la verandah. Nussir-u-Deen leva lui-même une trappe préparée dans la cloison de bambous, la cage se trouva ouverte, et le tigre bondit dans l'arène, et se fouettant les flancs de sa longue queue, et regardant avec fureur le « Mangeur d'hommes » et sa petite amie. Il eût été impossible de trouver dans l'Inde un plus bel animal; sa fourrure lustrée, régulièrement tachetée, chatoyait aux rayons du soleil à un tel point, que la splendide robe brune du cheval paraissait terne en comparaison.

Dès la veille, on avait préparé le tigre au combat en le privant de nourriture. L'animal regarda fièrement les chevaux et marcha lentement à leur rencontre, tandis que le « Mangeur d'hommes » ne détachait pas ses yeux des prunelles étincelantes de son ennemi. Le cheval baissa la tête, prit une attitude dégagée, avança légèrement un des pieds de devant et attendit l'attaque; il répétait exactement les mouvements de Burrhea, sans changer la fixité de son regard. La pauvre petite jument, paralysée par la terreur, ne cherchait même pas à se défendre; elle s'était blottie dans un coin, résignée au sort qui la menaçait. Un léger bond suffit à Burrhea pour lui sauter sur le dos : d'un coup de sa griffe, il la renversa, ses dents lui ouvrirent le cou, et la bête affamée but avidement le sang qui jaillit en bouillonnant. Ce fut une boucherie, car il n'y eut pas de résistance.

— Burrhea n'en sera que plus féroce, dit le roi en se frottant gaiement les mains.

Les courtisans européens exprimèrent leur assentiment à son opinion; les femmes, qui ignoraient notre langue et qui voyaient la satisfaction du roi, crurent devoir se joindre à lui, et elles donnèrent à leurs physionomies une expression toute joyeuse; elles échangèrent entre elles des signes d'approbation avant de reporter leur attention sur le spectacle de la cour.

Burrhea consacra cinq minutes à étancher sa soif dans le sang, et cela, sans détourner sa tête de la place où le « Mangeur d'hommes » se tenait immobile, et le regard fixé sur lui. Le cheval, de son côté, ne montra aucun signe d'inquiétude. Un ou deux grognements sourds lui échappèrent, mais ce fut tout. Le cou tendu et les oreilles droites, les yeux brillants comme du feu, il surveillait attentivement son ennemi, prêt à soutenir le combat auquel il s'attendait.

Enfin l'appétit de Burrhea s'apaisa, ou le sang cessa de couler; il retira ses griffes du cou de l'animal mort, secoua sa longue queue, et se mit à marcher doucement autour de la cour, comme un chat qui suit une souris. Ses larges pattes se posaient sans bruit sur la terre, et se levaient lentement, tandis que son dos suivait toutes les ondulations de sa marche, en se repliant tantôt sur ses épaules, tantôt sur sa puissante croupe. La robe luisante du tigre royal se nuançait de longs reflets et remuait incessamment comme si elle n'eût point été retenue par des os et des muscles.

Il était impossible de ne pas éprouver un sentiment de terreur à la vue de cette scène; le roi et sa suite regardaient avidement, tandis que les courtisans prêtaient l'oreille pour saisir le moindre bruit. Le « Mangeur d'hommes » dont le cou et les oreilles conservaient leur première attitude, s'était placé prudemment au centre de la cour, et tournait sur lui-même à mesure que le tigre décrivait un cercle. Burrhea, qui joignait aux mouvements du chat une force gigantesque, glissait plutôt qu'il ne marchait. Aucun bruit n'était perceptible, sauf celui que produisaient les sabots du cheval en se levant et en s'abaissant à des intervalles réguliers. Le silence et l'anxiété de l'attente régnaient dans l'enceinte.

Tout à coup le tigre bondit sur son adversaire avec la rapidité de l'éclair : le cheval était préparé. Evidemment l'intention de Burrhea avait été de le saisir à la tête et au poitrail : mais le « Mangeur d'hommes » était trop adroit pour se laisser surprendre de la sorte; un mouvement de côté lui suffit pour éviter son antagoniste, et il le reçut sur sa croupe musculeuse. Les griffes du tigre entrèrent profondément dans la chair du « Mangeur d'hommes » et il fit de vains efforts pour s'accrocher aux jambes du cheval. Mais il n'eût pas le temps de s'affermir dans cette position. Le terrible cheval lança Burrhea dans l'espace avec une force effrayante d'un coup de ses pieds de derrière : le tigre retomba étendu sur la terre et fort maltraité dans cette terrible partie. Nous eûmes cependant à peine le temps de le voir renversé sur le dos, la moitié du corps contre la cloison de bambous, et l'autre moitié sur le sol, que déjà il se retrouvait sur ses jambes, tournant tout autour de l'arène de la même manière qu'auparavant, et marchant d'un pas aussi tranquille que s'il ne lui était rien arrivé.

Le cheval reprit son attitude dégagée, et, poussant un hennissement de fureur, il s'attendait pourtant à une seconde attaque; sa croupe déchirée, dont la peau teinte de sang retombait en lambeaux, prouvait la force et le tranchant des griffes de son adversaire.

— Burrhea va le tuer, j'en suis sûr, s'écria le roi en se tournant vers l'un de nous, placé tout près de lui.

— J'en suis persuadé comme vous, sire, répondit le courtisan.

Burrhea reprit ses allures de chat, en tenant toujours sa large tête ronde tournée du côté de son prudent ennemi; il levait chacune de ses pattes et la posait de nouveau l'une après l'autre, et sa fourrure, si admirablement mouchetée, se déployait avec élasticité, grâce au mouvement gradué de ses muscles. Les yeux enflammés et les narines dilatées, le « Mangeur d'hommes » suivait ces mouvements avec la même fixité dans le regard; sa position ne changeait pas, il se tenait en avant, la tête baissée et tendue, les oreilles droites; un des pieds de devant légèrement avancé, pour l'aider sans doute à ce mouvement simultané de la tête et des épaules, grâce auquel il était déjà parvenu à rejeter son ennemi sur une partie de son corps plus facile à défendre.

Pendant huit ou dix minutes, Burrhea continua à tourner sous le regard brûlant du « Mangeur d'hommes » qui poussait de temps à autre un hennissement de colère. A différentes reprises, le tigre ouvrait toutes grandes ses larges mâchoires et léchait le sang qui en découlait; une fois, mais une seule fois, il s'arrêta devant la jument morte, probablement avec la pensée de faire un nouveau festin. Mais son irrésolution fut momentanée, et il continua sa marche.

Enfin, le moment décisif arriva : Burrhea venait de s'arrêter sur le cadavre de la jument, et tout à coup il s'élança une seconde fois, et cela d'un bond tellement rapide, que nous tous, abrités dans la galerie, nous reculâmes à cette vue, quoique nous nous y fussions attendus.

Plusieurs des courtisans laissèrent échapper un cri d'alarme; aucun grondement ne s'était fait entendre; on eût cru plutôt qu'un choc galvanique avait interrompu le mouvement rotatoire de l'animal, au moment où il prenait son élan.

Le « Mangeur d'hommes » cependant, n'avait pas été pris au dépourvu; sa tête s'inclina plus bas encore que la première fois, et ses épaules parurent glisser devant l'assaut de son adversaire. Les griffes du tigres lui déchirèrent la croupe, mais plus loin que lors de la première attaque. La puissante tête de Burrhea dépassa la queue du cheval, tandis que ses pieds de derrière retenaient son corps fixé au poitrail; nous le vîmes chanceler : le ventre appuyé au dos de l'étalon, il se cramponna à sa proie, mais ce fut seulement pendant un moment. Le féroce animal lui envoya un nouveau coup de pied, et son sabot de fer tomba avec une force écrasante sur la mâchoire du tigre qui fut jeté mutilé par terre, et qui roula sans force sur le dos.

Il se releva pourtant aussitôt; mais lorsqu'il se retourna sur ses pieds, nous le vîmes courir le long de la barrière de bambous. Burrhea cherchait à fuir et non plus à combattre. Sa mâchoire était brisée; il courait en criant, tenait la queue entre les jambes, aussi souple qu'un chien épagneul qui vient de recevoir une correction. Le « Mangeur d'hommes » surveillait ses mouvements comme s'il eût cru que ce n'était qu'une ruse, et il suivait avec une certaine difficulté la route rapide du tigre. Mais ce n'était pas une ruse; Burrhea cherchait une issue, et ses cris plaintifs inspiraient la pitié même aux cœurs les plus endurcis à ces spectacles de violence.

— Il a la mâchoire cassée, dit alors un des serviteurs qui se tenait dans la verandah pour mieux voir les phases du combat.

Ces paroles furent entendues du roi.

— Burrhea a la mâchoire cassée! s'écria Nussir-u-Deen en se tournant de notre côté. Le laisserons-nous échapper?

— Comme il plaira à Votre Majesté, répondîmes-nous.

On se hâta de donner le signal, et dès qu'on eut ouvert la trappe de bambous et la grille de la cage, Burrhea s'empressa de venir s'y cacher dans le coin le plus obscur.

Le « Mangeur d'hommes » hennit avec orgueil, caracola dans l'arène dès qu'il se vit maître du champ de bataille. Il galopa d'abord près de la petite jument, et la flaira pendant un moment; puis ensuite il lui lança dédaigneusement quelques coups de pied, et se mit à trotter, la tête dressée, le long de la cloison de bambous, comme pour se jeter sur les serviteurs du roi. Son sang bouillonnait, et dès lors il s'inquiéta fort peu de la qualité de ceux qui l'attaqueraient, fussent-ils hommes ou tigres.

— Qu'on lance sur lui un autre tigre, vociféra le roi en s'adressant aux indigènes, après avoir observé quelque temps les mouvements du cheval. Je veux punir ce monstre de ce qu'il a osé maltraiter Burrhea.

Cette dernière remarque faite en anglais, était adressée au petit cercle d'Européens. Notre rôle était de nous frotter les mains, de sourire, de saluer, de dire que rien n'était plus juste, et d'attendre une nouvelle représentation; nous nous acquittâmes avec exactitude de ce devoir.

— Quels terribles coups, le « Mangeur d'hommes » portait avec ses pieds de derrière! nous dit le roi.

— Oui, sire, c'est effroyable. On les entendait retentir sur la mâchoire de Burrhea, répondirent unanimement les Européens.

Le gardien des tigres était en bas de l'estrade, et fit demander s'il pouvait paraître devant Sa Majesté.

— Oui! certes! s'écria Nussir-u-Deen, qu'il vienne.

Le gardien approcha.

— Que la royale grandeur de Votre Majesté pardonne mon audace; les tigres ont pris, il y a deux heures, leur nourriture de la journée, dit cet homme, mais le plus beau de tous ceux que nous avons va paraître dans la cour.

— Et pourquoi les tigres ont-ils mangé il y a deux heures, vil coquin? demanda le roi.

— Que la royale grandeur de Votre Majesté veuille m'excuser, c'est l'heure habituelle du repas de nos animaux, et ils mangent tous les jours, ajouta le pauvre diable qui tremblait de tous ses membres, et qui saluait avec force courbettes.

— Alors, misérable esclave, si ce tigre n'ose pas l'attaquer, tu iras lutter toi-même avec le « Mangeur d'hommes. »

Tous les yeux se tournèrent vers la cage du nouveau tigre, qui fut apportée sans retard. Le gardien se retira, je suppose, en proie à une terrible angoisse, car lorsque le roi avait réellement l'intention d'exécuter un caprice, nulle considération n'était capable de l'en empêcher.

On servit les vins qui avaient été commandés au moment de la défaite de Burrhea, et le roi fit raison à ses hôtes en vidant une grande coupe de bordeaux glacé, pleine jusqu'aux bords. Ces boissons rafraîchies étaient vraiment délicieuses sous cette zone torride de Luknow à l'ardeur de laquelle nous n'étions pas habitués. Les femmes de Nussir-u-Deen l'entouraient en agitant lentement au-dessus de lui de grands éventails faits de plumes touffues arrachées aux queues de paons des jardins royaux.

C'était un gracieux spectacle que celui de tous ces bras ornés de bracelets, de pierreries sur le poignet et au-dessus du coude, qui agitaient les éventails en l'air ou de côté, et les Nautchés prenaient surtout grand soin de ne pas gêner la vue du roi, tout en formant autour de lui une brise factice indispensable au souverain et à nous tous pour respirer à l'aise.

La cage du tigre qu'on venait d'apporter, avait été placée devant la trappe, et l'animal sortit lentement pour contempler la cour. Il resta d'abord sur le seuil, sans se décider ni à avancer, ni à reculer. Tout à coup une tige de fer, maniée avec dextérité par un des domestiques, mit fin à son irrésolution; le tigre entra au galop dans l'enclos. La trappe de bambous et la cage furent refermées, et le tigre dut se résoudre à regarder son antagoniste. Après quelques œillades lancées au « Mangeur d'hommes » qui s'était mis en face de lui, l'animal marcha vers la jument, lécha tant soit peu le sang; puis il fixa de nouveau ses yeux sur le cheval qui se tenait sur la défensive.

Le nouveau tigre, un peu plus grand que Burrhea, n'avait pourtant pas une fourrure aussi belle; il y avait aussi quelque chose de plus noble et de plus gracieux dans les mouvements du premier combattant. Evidemment le tigre que nous avions devant les yeux n'était qu'un plébéien aux muscles développés et à l'allure pesante; peut-être ne lui manquait-il cependant que le stimulant de la faim pour le rendre actif et gracieux comme l'avait été son prédécesseur.

Le « Mangeur d'hommes » s'était mis sur la défensive, comme je l'ai déjà dit, à l'extrémité de la cour opposée à celle où se tenait le tigre; du reste, celui-ci ne paraissait pas se rendre compte très-exactement de ce qu'on attendait de lui; on eût dit même qu'il ne comprenait pas bien pourquoi il était placé dans cette position inusitée. Il se tapit sur le cadavre de la jument, la tête tournée prudemment vers le cheval inconnu, et commença à déchirer la chair de l'animal mort avec une vigueur de griffes et une célérité de mâchoires bien faite pour épouvanter le « Mangeur d'hommes » s'il eût pu réfléchir à sa situation.

— Enlevez cette carcasse, vociféra le roi impatienté. Vous êtes tous stupides de l'avoir laissée là!

L'ordre fut immédiatement exécuté. On se servit d'une barre de fer chauffée à blanc pour chasser le tigre, et la jument fut enlevée de l'arène au moyen d'un nœud coulant qu'on lui passa autour du cou.

Le tigre, évidemment irrité de la manière dont on avait interrompu son repas, s'étendit tout de son long au milieu de la cour, et gronda sourdement en regardant tantôt les domestiques placés dans la verandah, tantôt le « Mangeur d'hommes, » qui continuait à se tenir prêt au combat.

Il était très-difficile d'atteindre le tigre d'aussi loin; on essaya pourtant de l'exciter à l'aide de barres rougies au feu, mais ces armes étaient trop courtes. Enfin, on trouva une de ces barres d'une immense dimension, avec laquelle on le frappa. Il bondit alors sur ses pieds, saisit la barre de fer, s'en servit pour grimper le long de la clôture, et secoua vigoureusement un des bambous. C'était un jeu trop dangereux pour qu'on lui permît de le continuer. Il fut aussitôt rejeté à terre, et s'enfuit en hurlant, tout couvert de brûlures. Il galopa deux ou trois fois autour de l'enclos, toujours épié par le « Mangeur d'hommes » qui tournait sur lui-même pour lui faire face. Tous les efforts des domestiques pour le contraindre à se mesurer avec le cheval furent infructueux. Il se laissa brûler, entailler par des lances, puis il devint furieux, mais il exhala sa rage contre les bambous, et montra ses dents brillantes aux domestiques. Rien ne put le décider à attaquer le « Mangeur d'hommes, » qui, de son côté, laissa en repos ce pacifique adversaire.

C'était une défaite honteuse, et je commençais à craindre vivement que le malheureux gardien ne fût introduit à son tour dans l'arène ; mais le roi avait oublié ses menaces. Il s'écria que le « Mangeur d'hommes » était un brave, et ordonna aux employés de faire rentrer le tigre et d'amener trois buffles sauvages.

Il n'est peut-être pas d'animal aussi terrible que le buffle lorsqu'il est excité, quelque pesant, gauche et maladroit qu'il puisse paraître.

J'en ai vu fréquemment mettre en fuite un éléphant d'assez grande taille, à l'aide de furieux coups de cornes.

Aussitôt que la cage eut été ouverte, le tigre se précipita vers son antre, et s'y blottit avec plus de promptitude qu'il n'en avait mis à en sortir. Il y eut une pause de quelques minutes ; on distribua de nouveau des vins et des liqueurs dans la galerie, et bientôt après l'on vit entrer dans la cour, l'un après l'autre, trois buffles, d'un aspect bizarre.

Ces animaux, chez qui la stupidité du regard est particulière, et qui remuent sans motif leurs lourdes têtes à droite et à gauche, parvinrent à avancer jusqu'au milieu de l'enceinte.

Le « Mangeur d'hommes » se retirait à mesure qu'ils avançaient; la forme massive de ces animaux le déconcertait. A l'apparition du second tigre, après sa lutte terrible avec Burrhea, il avait éprouvé beaucoup moins d'effet qu'à l'entrée de ces trois monstres grotesques, au front large et plat et aux cornes recourbées, plantées sur l'ample rotondité de leur tête noire. Le cheval sauvage recula pas à pas, hennissant sans relâche, mais avec plus d'appréhension que de colère. A l'exemple des fanfarons, il se fût jeté sur eux s'il eût surpris le moindre signe de crainte dans leur regard; mais l'air d'assurance brutale des buffles lui causait probablement cette défiance de lui-même.

Les buffles, tous les trois réunis l'un contre l'autre, penchaient la tête à droite et à gauche sans avoir l'air de penser à l'attaque. Lorsqu'ils ne flairaient pas la terre ils examinaient les domestiques dans la verandah, les piliers de la galerie, ou le redoutable « Mangeur d'hommes. » On eût dit qu'ils cherchaient aussi à deviner pour quel motif on les avait amenés là. L'idée d'attaquer le cheval ne vint même pas à leur instinct de brutes. Le « Mangeur d'hommes » au contraire, sentit son courage renaître en voyant leur incertitude.

Il frappa d'abord la terre, tendit le cou, dirigea vers les buffles ses naseaux ouverts, avança d'un pas, hennit, comme s'il eût été incertain de la conduite qu'il devait suivre, s'approcha encore peu à peu, pas à pas, et pourtant les trois animaux ne faisaient aucune attention à lui et ne cessaient pas de balancer leurs têtes.

Peu à peu le « Mangeur d'hommes » réussit à toucher de la tête les flancs gonflés d'un buffle et aspira l'air vigoureusement, tout en étendant son long cou vers la brute insensible, qui ne se mit pas en garde contre ce commencement d'hostilité. « La familiarité engendre le mépris, » dit un vieux proverbe.

Après s'être approché encore, avoir grondé et flairé bien à son aise, le cheval se retourna tout à coup, en se jetant furieusement en arrière, et lança bravement ses sabots de fer sur les côtes du buffle, qui restait toujours absorbé dans ses méditations. L'attaque fut tellement imprévue et tellement violente que la malheureuse bête demeura comme pétrifiée. Les deux autres ruminants secouèrent la tête à l'unisson, comme pour exprimer leur opinion sur ce coup de pied.

Le roi se prit à rire démesurément à la vue de cet ahurissement.

— Le « Mangeur d'hommes » mérite de vivre! s'écria alors Sa Majesté, qu'on le laisse échapper.

Cet ordre fut exécuté sur le champ. On musela adroitement le cheval et on le conduisit à son écurie. Ce vainqueur et ce conquérant était destiné à finir ses jours dans la gloire et au sein de la paix.

— On lui fera une cage de fer dit le roi, et on prendra soin de lui. Par la tête de mon père, c'est là un vrai brave!

Nussir-u-Deen tint sa parole; le cheval eût une cage deux fois plus grande que la plupart des salles à manger de Londres. Et là, errant dans sa maison de fer, le « Mangeur d'hommes » montrait les dents à ses nombreux visiteurs, se jetait valeureusement à leur rencontre et donnait souvent la représentation de l'attaque qu'il avait dirigée contre les côtes du buffle, car il se livrait au même exercice contre les barreaux de sa cage.

Lorsque je quittai Luknow, le « Mangeur d'hommes » était encore une des curiosités de la ville.

VIII. — Les caprices d'un despote.

Le Rajah Buktawir-Singh. — Le réfectoire. — L'esprit du roi. — Fâcheuse plaisanterie de Buktawir. — L'arrêt de mort. — Sentence de mort. — La famille du Rajah. — La disgrâce. — Intervention du Résident. — La cage de fer. — Les émeutes. — Le bazar. — Souvenirs du peuple pour son ami Buktawir. — Rappel du Rajah.

Le Rajah Buktawir-Singh était, de tous les officiers de la cour, celui qui possédait au plus haut degré la confiance du roi; il avait le titre de Général des forces de Sa Majesté; mais la véritable armée du pays appartenait tout entière à la Compagnie des Indes, et se trouvait sous les ordres du Résident.

Les régiments du roi se composaient de quarante à cinquante mille hommes, tant d'infanterie que de cavalerie ou d'artillerie, revêtus en partie du costume hindou, ou bien de l'uniforme de l'honorable Compagnie. Le fils du Nawab en était le commandant en chef, et Buktawir-Singh, le général, ainsi que nous l'avons déjà dit. On l'appelait ordinairement par son nom, et rarement par son titre, lors de toutes les parties de plaisir qui avaient lieu à la cour. Le roi s'y montrait si passionné pour les jeux et les divertissements dans lesquels Buktawir-Singh et le barbier étaient de joyeux émules, qu'un étranger introduit accidentellement dans ces réunions, se serait cru transporté au milieu d'une troupe d'écoliers en vacances. Les plaisanteries les plus ridicules y étaient sans cesse encouragées par l'exemple de Sa Majesté, et c'était toujours Buktawir-Singh et le barbier qui y prenaient la plus grande part par leur irrésistible entrain.

Il s'en fallait pourtant que Buktawir-Singh fut un homme médiocre. Fier de la position qu'il occupait à la cour, il était déterminé à la conserver aussi longtemps que possible, et c'était pour y parvenir qu'il flattait les goûts frivoles de son souverain, et qu'avec la duplicité orientale il paraissait s'y dévouer de tout cœur. Il y avait en lui, malgré les faux dehors qu'il affectait, un sens profond et une grande expérience, et il était respecté parmi ses compatriotes comme un homme qui sait gouverner, et qui comprend en même temps les difficultés de sa position. Il portait le titre de Général, mais celui de « chef de police » lui aurait bien mieux convenu, car toutes les fois que ses troupes n'avaient pas à assister aux processions et aux réjouissances qui remplissent, il est vrai, une grande partie de la vie orientale, leur service ne différait guère de celui de la police anglaise.

Au reste, la richesse de Buktawir-Singh, l'autorité de sa famille qui était à la tête des Rajpoots, son intimité avec le roi, sa position dans l'armée, tout contribuait à lui donner une grande influence et un grand pouvoir. Le Nawab, ou premier ministre, enviait un peu la considération dont il jouissait, mais tant qu'il était le favori du roi, il avait peu à redouter des jaloux. Au reste, l'un et l'autre faisaient profession d'être les meilleurs amis du monde; ils employaient, à l'égard de chacun d'eux, les termes d'adulation les plus outrés, et ne manquaient jamais aux moindres règles d'étiquette qui sont observées avec le plus grand soin parmi les Orientaux. Et pourtant le Nawab était Musulman et le général Hindou.

Nous venions d'assister à une chasse dans une des nombreuses résidences que possède le roi dans le voisinage de Luknow. Fatigués de la monotonie d'un plaisir qui consiste à voir les animaux se déchirer entre eux, et la victoire constamment obtenue par des bêtes sauvages altérées de sang, nous nous étions retirés dans une petite salle de repos, où l'on nous avait servi quelques biscuits et du vin glacé. Le roi se trouvait en veine et plaisantait avec un entrain inaltérable. Buktawir-Singh se conformait, comme de coutume, à l'humeur de Nussir-u-Deen, et riait à cœur joie de toutes ses saillies vides de sens.

L'heure du lunch était enfin arrivée, et le capitaine des gardes vint nous en prévenir. Le roi se leva de table, mit sa main au centre de son chapeau (il portait ce jour là un costume européen), et élevant le bras en l'air, il s'amusa, comme il faisait quelquefois quand il était en joyeuse humeur, à faire tourner ledit chapeau sur son pouce.

Nous n'étions, Buktawir-Singh et moi, qu'à quelques pas derrière lui, et nous le suivions sans ordre, comme il nous le permettait dans ces réunions intimes. Tout à coup, soit que le chapeau fût de mauvaise qualité, soit qu'ayant déjà servi plusieurs fois au même usage, le fond en eût été légèrement endommagé, le roi parvint à passer son doigt à travers. Il se retourna vers nous en riant, et Buktawir-Singh, s'écria en éclatant de rire :

— Il y a un trou dans la couronne de Votre Majesté.

Cette parole fut dite sans préméditation et pour faire un simple jeu d'esprit; mais, malheureusement, les efforts du feu roi et de sa famille, pour exclure Nussir-u-Deen du trône, et y placer son frère, avaient rendu Sa Majesté extrêmement susceptible à l'égard de ce qui touchait sa couronne, qu'il n'aurait jamais portée sans le Résident anglais. Sa figure changea aussitôt d'expression, et à la joyeuse hilarité du moment précédent succéda un air sombre et mécontent.

— Avez-vous entendu la parole de ce traître? me dit-il d'une voix que la colère rendait tremblante.

— Mais sire... Il ne me laissa pas achever.

— Emmenez cet homme en prison, dit-il à son capitaine des gardes : allez, Rooshum, continua-t-il en s'adressant au premier ministre, et faites-lui couper la tête.

La consternation était générale. Le roi avait un pouvoir absolu de vie et de mort sur tous les Hindous qui n'étaient pas attachés à la Compagnie; la violence de son caractère était telle, que tout ce qu'on pouvait tenter pour calmer ne servait qu'à la rendre encore plus terrible. Le capitaine des gardes, qui était un officier européen, et le premier ministre s'avancèrent tous les deux vers Buktawir-Singh, qui se tenait en silence, la tête baissée, dans une attitude humble et soumise.

— Les ordres du « Refuge du monde entier » seront exécutés, dit le premier ministre qui, bien qu'en apparence dans les termes les plus intimes avec le Général en chef, n'en était pas moins satisfait de sa disgrâce.

Au reste, l'élévation et la chute des favoris d'un despote, sont choses trop rapides et trop communes pour causer la moindre surprise parmi ses courtisans.

— Buktawir-Singh est mon prisonnier, dit le capitaine en emmenant ce dernier, et en nous jetant à nous, Européens, un regard significatif qui semblait dire : Faites ce que vous pourrez en faveur de cet infortuné, et je remplirai également mon devoir en ce qui le concerne.

Le roi jeta alors son chapeau par terre et le foula aux pieds, car sa colère était loin d'être apaisée; tout ce que je viens de rapporter ne dura au reste que l'espace d'un moment.

— Que ferait le roi d'Angleterre à un homme qui l'insulterait de cette manière? demanda le roi, en se tournant vers moi.

— Sa Majesté le ferait arrêter, répondis-je, et l'enverrait devant les juges. Le coupable devrait ensuite subir la peine à laquelle la loi l'aurait condamné.

— Eh bien! j'agirai de cette manière, dit le roi en continuant à s'avancer lentement vers la porte, sans se souvenir qu'il avait déjà donné l'ordre d'exécuter Buktawir-Singh.

— Je vais porter à Rooshum les ordres de Votre Majesté, dis-je à Nussir-u-Deen en m'inclinant.

Je trouvai Buktawir entre deux « horse-guards; » le capitaine marchait en avant et le Nawab fermait la marche. Je l'informai des dernières paroles du roi, il fut loin sans doute d'en être satisfait, mais il répondit qu'il n'avait jamais douté de la clémence du « Refuge du monde enti r. » Buktawir-Singh avait dû entendre ce que nous disions, car j'avais parlé à haute voix et en hindoustan, mais il ne manifesta par aucun signe qu'il eût compris le motif de ma venue. Il n'y a que la vie des cours qui apprenne à dissimuler de la sorte.

— Buktawir-Singh doit mourir, et sa tête tombera avant la nuit, aucun pouvoir sur la terre ne saurait l'en empêcher, dit le roi au barbier, en remontant sur son éléphant. Personne n'osait le contredire; nous autres Européens, nous savions bien cependant que si le Résident pouvait être amené à intervenir dans cette affaire, cet infortuné aurait la vie sauve, quoi qu'il pût advenir d'ailleurs de sa fortune.

Il n'y avait qu'une distance de quelques milles entre le Goomty et le parc où cette scène avait eu lieu; le pont flottant, qui consistait en un large bateau plat, avec des balustrades, nous reçut, hommes, éléphants, chevaux, et en peu de minutes nous parvînmes de l'autre côté de l'eau. Ce bao royal était réservé à l'usage spécial de Sa Majesté et de sa suite, et il était toujours prêt sur une rive ou sur une autre de la rivière. Il y avait, pour le public, un autre pont de bateaux qui établissait, d'un rivage à l'autre, un passage bien plus commode. Vers le milieu du jour on l'ouvrait pendant une heure ou deux, pour laisser passer les cangues qui trafiquaient sur la rivière.

Nussir-u-Deen, une fois entré dans le palais, parut être plus raisonnable, mais nous étions encore tous dans une grande anxiété, en attendant qu'il eût décidé du sort de Buktawir-Singh. Un courtisan influent aborda délicatement ce sujet au moment où nous prenions congé de Sa Majesté.

— Il ne mourra pas, dit le roi, avant qu'une information régulière ait été faite de sa conduite.

Cette assurance nous donna quelque espoir, et cependant, ce n'était pas sans crainte que nous laissions le roi entouré de ses officiers hindous, car ils étaient toujours prêts à conseiller la mort et la confiscation toutes les fois que l'accusé était riche et puissant. Le capitaine des gardes du corps fut envoyé vers le Résident pour l'informer de ce qui avait eu lieu, mais ce fonctionnaire ne trouva aucun prétexte pour intervenir dans cette affaire, car le coupable n'était en aucune façon subordonné à la Compagnie.

Nous allâmes, en quittant le palais, visiter l'infortuné Buktawir-Singh. Il était renfermé dans un misérable hangar, occupé précédemment par un des plus infimes serviteurs du palais. Le seul ameublement de ce lieu consistait en un lit grossier — un *charpoy* — pareil à ceux destinés aux domestiques hindous, et se composant de barres de bois, non dégrossies, supportées par quatre pieds peu élevés. Des cordes transversales y sont ordinairement attachées et servent d'appui à un simple matelas. Mais il n'y en avait même pas sur ce lit destiné à un homme du plus haut rang, triste victime des caprices d'un despote. Tous ses ornements, tels que son riche turban, sa magnifique robe, son épée, ses pistolets, l'écharpe de cachemire qu'il portait autour de sa taille, tout lui avait été enlevé; un misérable vêtement pareil à celui que portent seulement les gens de la plus basse classe était attaché autour de ses reins, et Buktawir-Singh était étendu sur le lit.

— Les paroles qui me sont échappées, nous dit-il, n'étaient qu'une simple plaisanterie. Le roi sait bien que je n'ai jamais été son ennemi, lorsque son père et sa famille s'efforçaient de lui enlever le trône. Je mourrai, messieurs, je sais bien que je mourrai, Rooshum est mon ennemi; mais je vous en supplie, vous tous qui êtes Anglais, tâchez de soustraire ma famille à ma disgrâce. Son Excellence le Résident la protégera, sans aucun doute, si vous lui en faites la demande. Je suis homme et je puis supporter la torture et la mort, mais que vont devenir mes pauvres enfants qui sont dans l'âge le plus tendre, mes femmes qui n'ont jamais vu d'autre visage d'hommes que ceux de leurs parents les plus intimes, et mon pauvre vieux père, que vont-ils devenir tous, quand je ne serai plus? Promettez-moi, gentlemen, de vous intéresser à leur sort, et de dire un mot en leur faveur.

Nous lui donnâmes toutes les assurances possibles; il y avait dans son langage quelque chose de poétique, et sa douleur et ses inquiétudes s'exhalaient en paroles si touchantes, que plus d'un parmi nous sentit, en les écoutant, des larmes couler de ses yeux.

— Je n'ai pu conserver que ce bijou, nous dit-il : ils m'ont pris tout le reste; et il nous montrait une bague qui lui servait habituellement de cachet et qui était enrichie d'une émeraude de grande valeur. Buktavir-Singh la mit entre les mains d'un de nos compatriotes.

— Si ma famille tombe dans le besoin, si ma fortune lui est enlevée, lui dit-il, veuillez vendre cet objet et en remettte le prix à mes enfants. Mais je vous en conjure, sauvez-les du malheur, et la bénédiction des veuves et des orphelins vous accompagnera partout.

Notre entrevue fut de courte durée; nous promîmes à l'infortuné de faire, pour accomplir ses volontés, tout ce qui serait en notre pouvoir et nous le laissâmes calme et résigné. Quant à sa vie, il ne crut pas un seul instant qu'elle pût être épargnée, car il avait entendu donner l'ordre de l'exécution, et il n'attribuait le délai dont il jouissait qu'à l'intention de lui faire appliquer la torture. Buktawir-Singh connaissait le roi mieux que nous, et, nous disait-il, « il avait vu souffrir les plus atroces tortures à des hommes encore moins coupables que lui. »

Le jugement devant avoir lieu dans la soirée, nous devions ensuite, comme de coutume, dîner avec le roi. Nous reprîmes donc, en attendant, le chemin de notre demeure respective, attristés des scènes dont nous avions été témoins et pleins d'anxiété pour celles que nous avions encore en perspective.

Quand nous nous rassemblâmes à quelques heures de là dans l'antichambre du palais, nous rencontrâmes le capitaine des gardes du corps qui nous rapporta les propres paroles du Résident.

— Dieu seul peut connaître les résultats de tout ceci; que ne suis-je, avait-il ajouté, dans une autre position que celle que j'occupe.

Le pauvre vieux père de Buktawir-Singh, ses femmes et même ses enfants avaient été arrêtés et jetés dans des prisons. Un des gardes nous ayant informés qu'il s'écoulerait encore plus d'une demi-heure avant que Sa Majesté fut prête à nous recevoir, nous lui demandâmes s'il pouvait nous être permis de rendre visite à la malheureuse famille. — « Ce n'est point, dîmes-nous, par curiosité, mais nous pouvons porter quelque consolation à ces pauvres gens, et le Résident, sans aucun doute, leur accordera sa protection. »

Ces paroles nous ouvrirent l'accès de la cour où ces infortunés étaient enfermés.

J'ai assisté à de tristes spectacles pendant le cours de ma vie, mais jamais aucun d'eux ne m'a ému comme celui qui se présenta alors à nos yeux. Les femmes et les enfants, dépouillés comme Buktawir, de leurs riches habits et de leurs ornements, n'avaient reçu comme lui en échange qu'un misérable vêtement dont ils s'étaient enveloppés; ils attendaient, comme de timides agneaux, qu'on les menât à la boucherie, c'est-à-dire au supplice. Le vieillard infirme, et qui semblait avoir déjà un pied dans la tombe, pleurait non sur ses propres souffrances et sur son déshonneur, mais sur le malheur de son fils et sur celui des femmes qui l'entouraient, exposées à la vue d'une soldatesque grossière et aux plus brutales plaisanteries. L'une tenait son enfant attaché à son sein, et semblait, en remplissant ce devoir maternel, oublier un moment ses malheurs.

Une autre, assise dans une douleur silencieuse, ressemblait à la Niobé antique. Toutes avaient dénoué les tresses noires de leur chevelure, afin de couvrir leurs épaules.

Lorsqu'elles apprirent que nous étions les amis de Buktawir-Singh et que nous venions pour les consoler, la timidité qui les avait d'abord éloignées de nous se changea en une douce confiance, et elles nous exprimèrent leurs remerciements dans les termes les plus passionnés.

Elles vinrent même se jeter à nos pieds avec leurs enfants et implorèrent notre pitié pour l'infortuné coupable.

Rien n'était plus touchant que de les voir ainsi demander protection et secours, non pour elles, mais pour celui dont les imprudentes paroles avaient attiré tant de maux sur leur tête.

Si jamais l'Hindoustan est sauvé, ce sera par la vertu des femmes, car nul ne saurait trouver dans les régions les plus civilisées de la terre des êtres plus nobles et plus estimables. Les Européens qui visitent l'Inde ne voient généralement que celles d'une classe vile ou inférieure, et c'est par elles qu'ils jugent de toutes les femmes.

Nous promîmes d'employer toute notre influence auprès de Nussir-u-Deen, et nous rassurâmes, autant que possible, ces pauvres créatures. Nous étions déjà en état de leur offrir quelques consolations, car le Résident avait envoyé dire au Nawab que quelque coupable que pût être Buktawir-Singh, sa famille du moins était innocente, et qu'il ne devait être fait aucun mal à celle-ci. La Compagnie pouvait permettre au roi des condamnations partielles, mais le meurtre de toute une famille, la torture infligée de sang froid à des femmes et à des enfants inoffensifs, c'était plus qu'il n'en fallait pour que le bruit en parvînt jusqu'en Europe et pour que la Compagnie fût hautement blâmée.

Nous avions fort peu de temps à passer auprès de ces infortunés, et qui plus est, le roi aurait été furieux s'il avait su que nous les avions vus; aussi retournâmes-nous au palais, plus disposés que jamais à tâcher d'obtenir la grâce du général.

L'intervention de la Compagnie, en faveur de la famille de Buktawir-Singh, fut probablement ce qui lui sauva la vie.

L'effroi du premier ministre fut à son comble, quand le grand Saheb l'informa que lui et la Compagnie le rendraient responsable de tout ce qui serait fait à la famille de l'accusé. Il n'était pas dans la convenance du ministre ni dans les vues du barbier d'entrer en collision avec le Résident; et pendant le conseil qui se tint dans cette soirée toutes les voix s'élevèrent pour la clémence.

— Qu'il en soit ainsi, dit le roi fatigué de la discussion, qu'on laisse la vie au traître, mais je veux que ses biens soient confisqués, qu'on le bannisse de Luknow, et qu'il soit jusqu'à sa mort enfermé dans une cage.

Telle fut la sentence à l'exécution de laquelle Rooshum fut préposé. Un chef musulman du nord d'Oude devait partir le lendemain pour retourner à son district, et il fut convenu qu'il emmènerait Buktawir-Singh prisonnier. Mais ce n'était point encore assez.

— Je veux qu'il soit dégradé, dit le roi, comme Rajah ne le fut jamais avant lui. Qu'on apporte son turban et ses habits, son épée et ses pistolets.

Les ordres furent ponctuellement exécutés. Suivant les croyances hindoues, insulter le turban, c'est la même chose que si l'on offensait celui qui le porte. Un *mehter* ou domestique du plus bas étage, une espèce de balayeur, fut appelé, et il souilla d'ordures ce turban à la grande satisfaction du roi. Ce *mehter* obéit avec joie, et remplit son office de la meilleure grâce, car ce turban souillé et les habits maculés devenaient sa propriété et lui servirent probablement, lorsqu'ils furent secs, à se parer, lui et sa femme, dans les jours de gala.

On apporta ensuite l'épée, qui fut brisée en mille pièces par un forgeron appelé à cet effet; il allait en faire autant des pistolets, lorsqu'il chercha à savoir s'ils étaient chargés. Le roi s'aperçut de son hésitation et en devina la cause.

— Ces armes sont-elles chargées? demanda le roi d'une voix contenue.

— Puisse-le « Refuge du monde entier » regarder son esclave avec bienveillance, répondit le forgeron; oui, sire, les pistolets sont chargés.

— Eh bien! n'avais-je pas raison de penser que cet homme était un traître de la pire espèce? Qu'en dites-vous gentlemen? s'écria Sa Majesté en se tournant vers nous. N'était-ce point un coup prémédité? Vous l'entendez, les pistolets du misérable sont chargés.

— C'était son devoir comme général, dit le précepteur d'un

ton ferme, d'avoir ses pistolets chargés, afin d'être en mesure de défendre Votre Majesté.

— Ah! vous croyez? Eh bien! par Allah, je veux savoir si d'autres que vous pensent également que c'était là une partie de son devoir. Qu'on appelle le capitaine des gardes du corps, je veux lui parler à l'instant.

La vie de l'infortuné ne tenait plus de nouveau qu'à un fil. Le capitaine entra. Nous savions que, comme nous, il aurait voulu sauver Buktawir-Singh, mais il ignorait que sa vie était entre ses mains et qu'un mot de lui pouvait le perdre sans retour. Il s'avança vers le roi, en faisant le salut ordinaire.

— Capitaine, lui dit Nussir-u-Deen, était-il du devoir du Rajah Buktawir-Singh d'avoir ses pistolets chargés ou non chargés?

La vie de l'accusé dépendait de la réponse qui allait être faite; nous étions tous dans une anxiété sans pareille, mais le capitaine avait heureusement compris quel péril menaçait; l'immobilité du forgeron, la colère contenue du roi, les pistolets déposés sur la table, nos regards pleins d'angoisses, c'étaient là des symptômes auxquels il ne put se méprendre, et il donna sa réponse sans la moindre hésitation.

— Il est, sans contredit, du devoir du commandant en chef et du général des forces de Votre Majesté d'être prémuni contre les dangers qui peuvent assaillir le roi. Ces pistolets seraient inutiles s'ils n'étaient pas chargés.

— Déchargez-les donc, maintenant, s'écria le roi en voyant qu'il était de nouveau vaincu; brisez-les en morceaux, et jetez-les ensuite par terre.

On dîna ce jour-là comme de coutume en faisant l'éloge de chaque plat; le vin circula absolument comme à l'ordinaire. Nul ne sembla songer un seul instant à la malheureuse famille, qui attendait dans une des cours adjacentes la sentence de bannissement et d'emprisonnement. Quant au roi, il avala ses deux bouteilles de Champagne, et présida aux divertissements avec son entrain accoutumé. Sa conscience semblait parfaitement à l'aise; il s'efforça, comme toujours à faire de l'esprit, sans pouvoir jamais réussir, et sa conversation fut assaisonnée des mêmes frivolités et des mêmes extravagances.

Le lendemain matin, le Résident alla visiter lui-même la triste famille de Buktawir. Il assura ces pauvres gens de l'intérêt qu'il leur portait et de la détermination qu'il avait prise de les préserver à l'avenir d'une plus grande disgrâce. Sa visite fut un baume pour ces cœurs affligés, qui remercièrent leur protecteur avec les élans de la plus vive reconnaissance.

Le même jour, ces malheureux accompagnèrent Buktawir, qui fut emmené prisonnier à la suite du Rajah qui commandait dans le Nord. Le condamné fut enfermé dans une grande cage destinée aux bêtes féroces, et on l'y traita à peine mieux que s'il eût été l'hôte ordinaire de cette prison. On eut pourtant plus d'égards pour sa famille. L'intervention du Résident avait, comme toujours, produit des miracles. Riches et pauvres, princes et cipayes, tous, parmi les Hindous, redoutaient la Kaompany Bahâdoor (l'honorable Compagnie), le Résident aussi bien que celui qu'il représentait. C'était parmi la basse classe surtout que la Kaompany avait un étrange prestige; car elle passait généralement pour un monstre puissant, habitant une terre éloignée, mais pouvant voir de là tout ce qui se passait dans l'Inde. Qu'elle fût Dieu, homme, ange ou démon, nul n'aurait pu le dire, mais c'était sans contredit un être effroyable et tout-puissant.

Buktawir une fois parti, nous n'entendîmes plus parler de lui, excepté par ses parents, qui s'employaient encore à lui faire parvenir tout ce dont il pouvait avoir besoin. Nous apprîmes aussi qu'il était bien traité par le chef aux mains duquel on l'avait remis.

Le Rajah croyait sans doute de son intérêt d'agir de la sorte avec son prisonnier. Il est probable que comme tous les riches Indiens, Buktawir avait des richesses assez bien cachées pour qu'elles demeurassent intactes malgré la confiscation de ses biens. Toujours est-il que, quelque diligence que mit Rooshum à faire exécuter l'arrêt de confiscation, le condamné ne manqua jamais des douceurs qu'on peut se procurer avec de l'argent.

Pour en finir avec cette histoire, je dirai que cette même année la disette fut générale dans tout le royaume. La rareté du riz, qui est la principale nourriture des indigènes, fit monter cette denrée à un prix si exorbitant, que cela occasionna des troubles dans la ville de Luknow.

Toutes les autres provinces manquèrent également, et les marchands des différents bazars furent accusés par les pauvres d'avoir accaparé les vivres alimentaires et de produire ainsi une famine artificielle.

Les émeutes continuaient, et lorsque le roi paraissait en public, il était assailli de pétitions contre les soi-disant spéculateurs. On en jetait jusque dans son *howdah*, et on venait les lui présenter à genoux quand il passait à cheval. Nussir-u-Deen fut à la fin tellement ennuyé de ces obsessions, qu'il se montra fort rarement dans la ville.

Une année s'était écoulée depuis la disgrâce de Buktawir, et la tranquillité n'était pas encore rétablie. Le roi était toujours assailli de pétitions nombreuses et se montrait très-mécontent de tous les récits qu'on lui faisait journellement sur la position de familles entières réduites à la mendicité, ou sur les propriétés attaquées et livrées au pillage.

— Il y a évidemment quelque chose qui va mal, dit un jour Nussir-u-Deen à son premier ministre; je n'ai jamais vu le mécontentement durer aussi longtemps dans ma ville de Luknow.

Le Nawab murmura quelque chose sur le mauvais état des récoltes.

— Bah! Rooshum, quelle vieille femme vous êtes! Ne me parlez pas des récoltes : la dernière a été excellente; je vous dis que quelque chose va mal. Qu'en pensez-vous, maître?

— Je pense, dit le précepteur, qu'il doit y avoir dans les bazars quelque contravention qui demande à être réprimée.

— Je suis d'accord avec vous, répondit le roi. Allons les visiter ce soir et prenons nos informations. Déguisons-nous à la manière du kalife de Bagdad; ce sera là une excursion utile et amusante.

Nul d'entre nous n'eût jamais songé à dissuader le roi de faire une chose qu'il avait une fois mise dans sa tête, et il fut convenu que nous accompagnerions le souverain de Luknow en nous déguisant comme lui. Il ne fut nullement question du bon résultat que nous pouvions apporter de cette manière à l'état actuel des choses. Nussir-u-Deen et son premier ministre adoptèrent le costume européen; deux officiers de sa maison s'habillèrent de même; les autres devaient se promener dans le bazar à quelque distance du roi, sans paraître faire partie de sa société. Le Nawab et le capitaine des gardes du corps avaient pris leurs mesures pour prémunir le roi contre toute surprise ou toute violence imprévue, car il se pouvait fort bien que si la famille du roi était informée de cette escapade, elle saisît cette occasion pour envoyer quelque coquin déterminé qui pourrait se prendre de querelle avec lui et le tuer. Afin de prévenir cet événement tragique, le Nawab et le capitaine avaient ordonné, chacun de leur côté, qu'une troupe de cipayes bien armés les suivissent de loin dans le costume ordinaire des habitants de Luknow. L'usage généralement adopté par les Hindous, de sortir avec des armes, devait éloigner tout soupçon.

Il ne faudrait pas croire que tant de personnes entrant ensemble dans les bazars eussent pu donner lieu à des remarques, car ces lieux publics sont ordinairement chaque soir tellement encombrés, qu'il faut s'y frayer un chemin. Aussi, nous nous avançâmes avec beaucoup de difficultés au milieu de la foule qui exhalait autour de nous des odeurs plus ou moins désagréables. De hardis Rajpoots, couverts de leurs armures, nous coudoyèrent d'un air de mauvaise humeur, tandis que certains pieux Musulmans observaient entre eux, au moment où nous passions, que ce n'était pas là la place des Sahebs. Des Hindous, le sourire sur les lèvres, s'efforçaient, en nous débitant mille flatteries, de nous amener à acheter leurs marchandises. A la fin, nous arrivâmes près d'un changeur; en cet endroit la foule était un peu moins compacte. Son numéraire était disposé en petites piles sur le large plateau qui lui servait de table, et il était assis sur une escabelle, les jambes croisées à la manière des changeurs de l'Orient et des tailleurs de notre pays. Deux employés d'une force athlétique se tenaient à quelque distance de cet homme, assez éloignés des tas d'espèces pour ne pouvoir en dérober, et cependant assez près pour surveiller et protéger les pièces de monnaie.

Un marchand de quelque importance, à en juger par son habit, s'approcha du changeur et le salua d'un air gracieux.

— Eh bien! Mahdub, lui dit-il, on a encore pillé ce matin les magasins de riz.

— Nous vivons dans une triste époque, fit le changeur en hochant la tête et en nous regardant d'un air interrogateur, comme pour nous demander si nous avions besoin de ses services. Le roi, qui avait entendu l'observation du nouveau venu et la réplique du changeur, s'arrêta net, dans l'espoir d'en entendre davantage, à un étalage voisin, où il acheta du pawen (1), nous nous approchâmes également, en feignant d'examiner des épées.

— A vrai dire, continua le premier interlocuteur, il est assez triste de ne pouvoir pas vendre sa marchandise sans courir le risque de voir sa propriété détruite.

— Il n'en était pas ainsi autrefois, dit Mahdub en secouant de nouveau la tête; rien ne va plus, maintenant. — Voulez-vous changer de l'or contre des roupies?

— Bon! mon cher, je vous prendrai moins cher qu'aucun

(1) Sorte de composition formée d'épices et de limons roulés dans une feuille. Les indigènes la mâchent comme les marins chiquent le tabac.

autre changeur. Comme vous le dites, Baboo, les temps sont bien durs. Il n'en était pas ainsi, continua le marchand, lorsque Buktawir était le ministre du roi; il savait mettre de l'ordre dans le commerce et dans les affaires.

Nussir-u-Deen tressaillit et continua à écouter avec attention, il s'approcha davantage, en feignant d'examiner quelques coupes de bronze.

— En effet, répliqua le changeur, le Rajah Buktawir était un homme habile.

Le marchand passa son chemin, ayant dit sans doute ce qu'il avait à dire, car j'ai toujours pensé que quelque ami ou parent de Buktawir, ayant appris l'escapade de Sa Majesté, avait saisi cette occasion de lui remettre en mémoire le ministre en disgrâce.

Le roi retourna au palais en réfléchissant à ce qu'il venait d'entendre; une nouvelle idée était entrée dans sa tête et n'en devait sortir que lorsqu'elle aurait été bien mûrie.

Deux mois plus tard, le Rajah Buktawir-Singh était réinstallé à la cour, et comblé de plus d'honneurs qu'il n'en avait jamais reçu. La récolte suivante fut très-abondante; quand je quittai Luknow, le général était encore le favori de Sa Majesté, et sa faveur bien plus grande qu'avant sa disgrâce.

IX. — La maison du roi.

Les femmes cipayes. — La révolte de la Begum. — Les porteurs femmes. — Les esclaves. — Rapport de mistress Meer sur Hassan-Ali. — Les chambres du palais. — Réclusion de celles qui l'habitent. — Leur ignorance naturelle. — Leurs habillements. — Procession de la Padshah-Begum. — Les bâtons d'argent. — Les troupes de Luknow.

Nous autres Européens, attachés à la cour de Nussir-u-Deen, nous n'avions jamais eu l'occasion de visiter l'intérieur de sa maison, ni de connaître par nous-mêmes la vie privée des personnes qui l'habitaient. Les informations ne nous manquaient cependant pas à cet égard. On permettait souvent aux femmes européennes de faire des visites aux femmes du palais, et les gardiens qui forment une classe privilégiée, étaient introduits sans cérémonie.

De toutes les singularités vivantes du palais, il n'en est point qui paraisse plus étrange à un Européen que le régiment des cipayes féminins. J'avais déjà remarqué, pendant les premiers jours de mon arrivée à Luknow, de petits soldats se promenant de long en large devant les diverses entrées des appartements réservés aux femmes; je les prenais tout simplement pour une race de militaires lilliputiens revêtus d'habits bien rembourrés. A vrai dire, il n'y avait guère que l'exiguïté de leur taille qui distinguât la plupart d'entre eux des autres cipayes, et l'on est tellement accoutumé, en Europe, à voir les soldats porter des habits rembourrés qui les font ressembler à des pigeons rentrant leur tête dans leur gorge, que j'avais fait fort peu d'attention à cette particularité.

Ces femmes nouaient leurs cheveux au sommet de la tête et cachaient ainsi leur chignon dans leur shako. Elles portaient toutes l'uniforme ordinaire des cipayes indiens, tels qu'on les voit partout dans le Bengale; le mousquet et la baïonnette, le ceinturon et la giberne, une jaquette et de longues guêtres blanches. Comme leur service consistait à garder le palais, on les voyait seulement dans les cours où elles faisaient la parade exactement comme les autres cipayes.

C'était un des officiers indiens de l'armée du roi qui leur faisait faire l'exercice, dont toutes les manœuvres leur paraissaient familières. Peut-être se seraient-elles moins bien tirées d'affaire sur un champ de bataille en face d'une troupe de vrais cipayes porteurs de longues moustaches; mais ce que j'avance n'est qu'une supposition.

Ces femmes soldats avaient leurs caporaux et leurs sergents; aucune d'elles n'atteignait, je crois, un grade plus élevé. Plusieurs d'entre elles étaient mariées.

Il y avait à Luknow deux compagnies de cipayes féminins, dont l'une, pendant mon séjour à la cour, servit au roi à se défendre contre sa mère. J'ai déjà dit ailleurs que lorsque le père de Nussir, Ghazy-u-Deen, eut résolu d'empêcher ce fils de devenir son successeur, il songea, après s'être emparé de sa personne, à le faire mettre à mort plutôt que de lui laisser occuper le trône.

Sa mère, la Begum, avait alors combattu pour lui avec toute la bravoure d'un héros. A l'aide de ses partisans, tous entraînés par son exemple, elle avait enfin réussi à vaincre le roi après un combat sanglant dans lequel le Résident avait été forcé d'intervenir pour empêcher de plus grands scandales.

On aurait pu supposer que Nussir-u-Deen n'oublierait jamais la reconnaissance qu'il devait à son héroïque mère pour avoir défendu ses droits et sa vie quand il était hors d'état de se protéger lui-même; mais ce que son père avait voulu faire contre lui, il voulut le faire à son tour contre son propre fils Sa mère prit l'enfant sous sa protection et refusa de le livrer. Le roi lui ordonna de quitter le palais qu'elle occupait et d'aller s'établir dans une autre résidence; mais la Begum, soupçonnant ses intentions, refusa d'obéir.

Les ordres et les prières, tout fut inutile, la Begum n'était pas femme à se laisser intimider.

Ce fut alors que Nussir envoya ses femmes cipayes pour chasser sa mère du palais dont rien n'avait pu la décider à sortir; mais les partisans de la reine-mère la défendirent avec énergie.

J'entendis les balles ricocher sur la maison où je demeurais, et deux ou trois de ces projectiles pénétrèrent même par les fenêtres. Lorsque je m'aperçus du danger qui me menaçait, je songeai à m'informer de la cause de ce tumulte et je me hâtai de quitter ma demeure.

Le désordre était ordinairement tel à Luknow, que le bruit de la mousqueterie et la mort de plusieurs hommes étaient à peine suffisants pour exciter la curiosité. Quinze ou seize des partisans de la Begum furent tués lors de cette attaque.

L'intervention du Résident suffit pour mener cette affaire à bonne fin. Le roi promit de ne point tourmenter sa mère et de ne point toucher à son fils si elle consentait à aller habiter le palais qu'il lui assignait pour demeure.

Le Résident se fit garant auprès de la Begum de la vie de l'enfant, et elle partit satisfaite, car elle avait plus de confiance dans la simple parole d'un Anglais que dans les serments les plus solennels du roi et de ses ministres.

Cependant, malgré le zèle de la vieille Begum, malgré son héroïsme maternel, l'enfant ne succéda point à son père. Nussir adopta un expédient qui devait lui réussir; il fit proclamer l'illégitimité de son fils, et afficha la proclamation sur les portes de Luknow.

Le gouvernement indien fut d'avis qu'un enfant stigmatisé par la honte n'était plus digne de monter sur le trône d'Oude. Plus tard, quand Nussir-u-Deen fut empoisonné, et quand le barbier eut été chassé de Luknow, la Begum tenta de nouveaux efforts. Elle fit cerner la Résidence par ses troupes et proclamer son petit-fils roi et maître à la place de son père. Mais le Résident ne se laissa pas intimider, et quoiqu'il courût danger de perdre la vie, il refusa de reconnaître le prince. Il envoya des ordres aux cantonnements pour qu'ils lui fissent parvenir des troupes; ces soldats arrivèrent, et quelques décharges de mitraille dispersèrent les révoltés.

L'un des vieux oncles de Nussir, un de ceux-là même qu'il

avait le plus maltraité, monta sur le trône. La Begum et son petit-fils, continuèrent probablement à vivre à Luknow.

Le but de cette mère était honorable, et elle l'avait deux fois atteint par la force. En d'autres temps et en d'autres circonstances, cette femme aurait pu voir son nom tracé sur les tablettes de l'histoire d'Oude, mais quoique son nom soit oublié, il n'en faut pas moins honorer sa bravoure et son héroïsme, tout en admirant la fermeté du Résident et le courage du colonel Law, car les maux qui résultèrent de la répression de l'émeute ne sont rien en comparaison de ceux que le pays aurait indubitablement soufferts si elle avait réussi.

Le lecteur voudra bien excuser cette digression à laquelle m'ont entraîné les cipayes féminins ; je reprends mon récit où je l'ai laissé.

Il y avait dans le palais une autre classe de serviteurs du sexe féminin, c'étaient les porteuses, dont l'occupation consistait à porter dans les cours intérieures les palanquins et autres voitures fermées à l'usage du roi et des femmes du palais. Ces porteuses étaient aussi régies par une discipline militaire, et elles avaient leurs officiers commissionnés et non commissionnés. Leur chef était une grande femme, à l'aspect masculin, mais d'une contenance agréable

J'ai depuis entendu dire par une personne qui se trouvait à Luknow quand Nussir-u-Deen fut empoisonné, que cette même femme, payée sans doute par quelque membre de la famille royale, était l'auteur de ce crime.

Les esclaves employées au service des femmes du palais étaient en grand nombre, quelques-unes d'entre elles succédaient à leur mère, d'autres étaient achetées de temps à autre à de pauvres parents, soit pour quelque talent d'agrément, tel que le chant, soit encore pour l'art qu'elles possédaient de raconter des histoires.

Je suis intimement convaincu que quelques-unes de ces femmes tombées en disgrâce, pour une cause ou pour une autre, disparaissaient un beau jour comme cela se pratique à Constantinople. Les esclaves ou les gardiens étaient, m'a-t-on dit, les intermédiaires dont on se servait pour disposer de leur sort Mistress Meer-Hassan-Ali (1) est plus à même que moi d'en

(1) *Observations sur les musulmans de l'Inde :* Mistress Hassan-Ali était une dame anglaise qui avait épousé un noble de Luknow, pendant un voyage que celui-ci avait fait en Angleterre. Elle passa douze ans dans l'Inde et ne permit jamais à son mari d'user du privilège accordé aux sectateurs de Moslum.

parler en toute connaissance de cause. On ne trouve pas seulement ces personnes-là à la cour, mais dans toutes les familles de distinction de Luknow.

« Les femmes esclaves, dit mistress Meer-Hassan, quoique constamment occupées auprès de leur maîtresse, sont pourtant traitées avec douceur et pourvues de tout ce qui peut leur être agréable. Elles remplissent à tour de rôle les devoirs de leur charge et reçoivent, autant que qui que ce soit dans l'intérieur de l'habitation, des soins de la part de leur maîtresse. Il n'est même point rare de voir celle-ci leur procurer un mari lorsqu'elles sont en âge de contracter mariage : souvent aussi, les maîtresses élèvent leurs enfants avec la plus grande attention : on accorde en outre un salaire à ces femmes et quelquefois on leur rend la liberté, lorsque cela peut faire leur bonheur. »

Il est reconnu dans la société musulmane que les femmes esclaves sont indispensables à la grandeur d'une famille de haut rang; mais aussi faut-il que ces femmes soient indignes de la bienveillance du maître pour ne pas être considérées comme des membres de sa famille.

Tel est, en un mot, l'historique de l'esclavage tel qu'il est généralement établi dans les familles musulmanes du Luknow et du royaume d'Oude.

Mistress Meer-Hassan a montré le beau côté du tableau et nous en a caché les ombres.

Il y a une trentaine d'années, un fait que je vais raconter fit sortir la société de Calcutta de son apathie et de sa torpeur.

Toute la ville fut saisie d'une violente indignation contre une dame musulmane qui, parce que son esclave faisait mal chauffer son hookah sur les fourneaux appelés *ghaoh*, et retombait toujours dans la même faute, avait juré de la punir sévèrement.

Après plusieurs réprimandes inutiles, la colère de cette femme ne connut plus de bornes; elle jeta par terre la malheureuse créature, et l'y fit retenir par d'autres esclaves pendant qu'elle lui jetait des charbons enflammés sur le corps.

La pauvre esclave fut horriblement brûlée, à ce point qu'elle mourut quelques jours après. On traduisit la maîtresse en justice et elle fut condamnée à un exil perpétuel.

Cette femme fut alors obligée de se découvrir le visage, qu'elle avait jusque-là tenu voilé.

Ceux qui eurent à rendre compte de cette affaire dans les gazettes du pays furent fort embarrassés pour trouver des expressions convenables, afin de dépeindre sa beauté extraordinaire, car, à vrai dire, elle était ravissante.

Je dois avouer en passant que, malgré mon intimité avec une partie de la noblesse de Luknow, je n'ai jamais entendu parler, pendant mon séjour dans cette ville, d'aucun traitement cruel exercé contre des esclaves. Il existe sans contredit des punitions pour ces *gens-là*, de l'un ou de l'autre sexe, mais tous ces châtiments sont fort bénins.

Soit que je n'aie jamais pu vaincre mon antipathie pour les gardiens du palais, soit que les rapports qui m'ont été faits m'aient prévenu contre eux, toujours est-il que je ne puis m'empêcher d'attribuer à leurs suggestions et à leur influence la plus grande partie des cruautés pratiquées dans la maison du roi.

Ce sont eux généralement qui sont chargés d'infliger les punitions par le fouet ou par la torture, et ils semblent s'acquitter de ces fonctions avec un très-grand plaisir.

Les gardiens du palais, comme aussi les femmes esclaves, se trouvent en très-grand nombre dans les maisons des nobles musulmans de Luknow. Il n'y en avait pas moins de cent cinquante dans le palais du roi, et leur chef, qui était placé à la tête des serviteurs de la première femme du roi, la Padshah (1) Begum, fille du roi de Delhi, était un homme d'une grande importance dans le royaume.

Ces gardiens sont ordinairement des enfants volés dans l'Inde supérieure pour le compte des nobles du pays. « Ils jouissent tous, dit encore mistress Hassan-Ali, d'une foule de priviléges refusés aux autres classes d'esclaves et sont admis à toute heure dans les *zenanahs*. »

Plusieurs d'entre eux ont obtenu, dans le gouvernement, des postes de confiance, tels que l'administration de grands districts, et on les charge aussi quelquefois d'importantes négociations.

L'évêque Héber raconte que l'un d'eux, devant recevoir la visite de son souverain, lui fit construire un trône formé d'un million de roupies (deux millions cinq cent mille francs) et qu'il fit présent au roi de ce siége après que celui-ci l'eut occupé un instant.

Comme l'esclave, suivant la loi de Mahomet, est la propriété exclusive de son maître, tout ce que les gardiens du palais peuvent amasser durant leur vie, tombe à leur mort, en la possession de celui à qui ils appartiennent. Ils n'ont point d'héritier, et par conséquent point de pouvoir légal pour disposer de leurs biens. Certain jour, un de ces hommes-là, qui avait administré

(1) Les rois musulmans prennent le titre de Padshah ou Padishah (protecteur et maître). C'est pour cela qu'on appelle la première femme Padshah-Begum.

pendant longtemps les revenus d'un district important, légua, en mourant, ses propriétés à des héritiers, qui s'empressèrent d'aller prendre possession du palais du défunt.

Dès que le roi eut connaissance de ce fait, il réclama comme lui appartenant de droit tous les biens faisant partie de la donation.

Il envoya des troupes contre les héritiers, qui se défendirent vaillamment, mais qui n'en furent pas moins forcés de quitter le palais de leur parent.

L'application immédiate de la torture les obligea en outre à rendre l'or et l'argent qu'ils avaient déjà cachés.

Du reste, le peuple d'Oude est si bien accoutumé aux conflits de ce genre, qu'il y prend part volontiers; c'est un moyen d'empêcher leurs armes de se rouiller faute de service.

Les bâtiments destinés à la maison intime du roi, ne diffèrent pas beaucoup dans leur forme de ceux des parties accessibles du palais.

Une maison orientale consiste ordinairement en une cour oblongue ou carrée, entourée d'appartements qui s'ouvrent sur des verandahs. Lorsque la maison a deux étages, une galerie règne à la hauteur du second, et les chambres de cet étage s'ouvrent sur cette galerie. Les appartements du rez-de-chaussée sont ordinairement élevés de deux ou trois marches au-dessus du sol; ils consistent pour la plupart en longues salles non meublées, au bout desquelles se trouvent souvent de petits cabinets renfermant de riches vêtements, des bijoux d'un grand prix et des ornements de tous genres.

Ce qui semble assez étrange aux Européens, c'est que ces grandes salles sont souvent dépourvues de portes et de fenêtres, et qu'on les remplace par des portières et des rideaux appelés *purdahs*. De là vient une expression très-usitée dans l'Inde, celle de *Purdah-Woman*, qui signifie une femme cachée aux yeux du public, vivant dans la retraite et ne recevant pas d'autre visite que celle de ses plus proches parents du sexe masculin.

Ces femmes sortent seulement en voiture, et ces véhicules sont si bien clos, qu'elles ne peuvent rien apercevoir de ce qui se passe au-dehors; au reste, ce n'est qu'aux regards des hommes qu'on les cache avec tant de soin, car on leur permet des rapports journaliers avec les femmes de toutes conditions.

Quand il arrive que l'une de ces *purdah-women* est appelée en témoignage devant la cour de justice de la Compagnie des Indes, elle reste enfermée dans son palanquin, et un domestique ou un proche parent se fait garant de son identité. De cette sorte, une femme indienne est toujours interrogée sans que le juge ou le magistrat, l'accusé ou l'accusateur, la voient jamais.

Assise dans sa boîte obscure, à la manière des tailleurs, elle répond aux questions qui lui sont adressées. On entend les paroles, mais on ne voit pas la bouche qui les prononce. Sans doute ce système conduit à de grands abus, mais on ne peut pas blâmer le gouvernement hindou, car il est plus difficile qu'on ne le pense de changer certaines coutumes nationales.

Les femmes du palais, pendant la belle saison, font souvent de la cour de leur maison leur salon de réception. On couvre temporairement cette cour d'une tente et l'on étend des nattes sur le sol.

La Padshah-Begum s'asseoit sur son *musnud* ou trône, et reçoit, sans bouger de sa place, les personnes qui viennent la voir et qui se prosternent en entrant. La reine ne se lève jamais qu'en présence des femmes d'un grand âge, ou pour celles qui sont d'un rang plus élevé que le sien, ou bien encore pour recevoir ses parents mâles.

Ceux qui doivent à leur naissance la souveraineté sont véritablement seigneurs en Orient, trop souvent même ils s'érigent en tyrans. Les femmes les regardent comme des êtres d'un ordre supérieur, et prêtent l'oreille à leurs moindres paroles, comme un enfant écoute la voix de ses parents. Elles adoptent leurs vues et embrassent leurs opinions avec une foi implicite et une confiance sans bornes.

Je supplie mes lectrices de ne point être trop incrédules et de ne pas même concevoir la moindre indignation à ce sujet. Elles feront mieux de réfléchir qu'il n'en peut être autrement dans un pays où la naissance d'une fille est regardée comme un malheur, tandis que celle d'un garçon passe pour être une bénédiction.

La vue de la campagne est complètement interdite à ces captives, dont jamais le regard ne s'arrête sur un point de vue enchanteur. Plusieurs d'entre elles n'ont jamais aperçu ni rivières, ni jardins, ni ombrages.

« Que ces plantes sont admirables! disait un jour une de ces infortunées devant une dame européenne; mais combien doit être plus beau encore le lieu où elles fleurissent. Comment poussent-elles? Quel effet produisent-elles sur leur tige? »

Telles sont les questions qu'on entend des femmes du palais adresser fréquemment aux dames qui les visitent, questions auxquelles il est difficile de répondre. Et pourtant ces femmes sont pour la plupart fort gaies et très-heureuses.

La première femme du palais est la seule qui soit assise sur un *musnud* ou trône, qui est placé au milieu de l'appartement, et, si cela se peut, près d'un pilier.

Ce trône consiste en un large coussin, recouvert tantôt d'une etoffe d'or, tantôt de velours, ou bien de soie brodée. Ce musnud repose sur un tapis d'environ deux mètres de large. La forme et l'apparence de ces objets indiquent ordinairement le rang de la femme à qui ils appartiennent. Le tapis qui recouvre le coussin est en drap d'or, garni d'une frange richement brodée. Deux coussins plus petits supportent les genoux, car il est d'usage de s'asseoir les jambes croisées.

L'invitation faite à une visiteuse de prendre place sur le *musnud* prouve un grand respect de la part de l'hôtesse, et démontre qu'il y a égalité de rang entre elles. Lorsque la visiteuse est d'une classe supérieure, ou bien quand la Padshah veut lui témoigner tous les égards possibles, elle abandonne ses coussins à la nouvelle venue.

Du moment qu'un siége placé sur le tapis est déjà un honneur, on concevra aisément que la possession du *musnud* lui-même est encore un honneur bien plus grand.

Les lustres et les flambeaux sont innombrables dans le palais royal, et cependant on n'en voit point généralement dans les « zenanahs. » Les torchères et les lustres ont été introduits par Nussir-u-Deen; le père du roi de Luknow, Ghazi-u-Deen, quoique très-amateur de ces objets de luxe, les destinait seulement à l'usage de ses salles particulières de réception ou pour l'Emanbarra.

Chacune des femmes du palais avait, du reste, son appartement particulier, son *musnud*, son salon de réception, ses galeries.

J'ai eu souvent, pendant mon séjour à Luknow, l'occasion de voir le costume des dames de la cour, non-seulement de celles qui servaient Sa Majesté pendant les repas, mais encore des proches parentes du roi, qui toutes étaient généralement belles et richement parées.

Les étoffes des costumes d'Oude peuvent varier à l'infini, mais les différentes parties du vêtement sont toujours les mêmes, et la forme en est aussi stéréotypée.

Les *pyjamas*, autrement dit les pantalons, quelle qu'en soit l'étoffe, satin, drap d'or ou foulard, tombent toujours en larges plis jusqu'à la cheville, où ils sont tantôt serrés à l'entour de la jambe d'une manière uniforme, tantôt ramenés ensemble de manière que le pyjamas soit tendu par derrière et les plis rassemblés sur le devant. Ce pantalon est retenu à la taille par un large ruban en tissu d'or ou d'argent dont les bouts, qui se terminent par de magnifiques glands, tombent jusqu'au-dessous du genou. Des perles et des diamants sont les ornements ordinaires de ces glands. Ce pantalon est beaucoup plus large au-dessous qu'au-dessus du genou, et il se rétrécit toujours par degré, de manière à être tout à fait ajusté à la taille.

Le corsage qui recouvre la poitrine des femmes de Luknow est ordinairement façonné d'une étoffe qui ressemble fort à la mousseline; plus le tissu est fin, plus le vêtement passe pour être élégant.

Ce corsage est universellement porté par les femmes de l'Inde, et elles donnent les plus grands soins à sa confection : il est important qu'il soit parfaitement ajusté.

On jette sur ce premier vêtement la *courtée,* autrement dit la chemise, qui recouvre, sans les cacher, les riches ornements de la ceinture; le bord ainsi que les coutures sont également ornés d'or ou de rubans.

Un voile, appelé *deputtah* ou *chudder*, est posé sur ces légers vêtements; il se porte également en dehors des maisons ou à l'intérieur. C'est un tissu d'or ou de soie qui ressemble fort pour la forme à un drap de lit plus long que large.

Les belles mousselines de Dacca sont très-estimées pour la confection de ces voiles, et l'on n'épargne ni le travail, ni la dépense pour les couvrir de broderie et les garnir de franges d'une grande richesse. Attaché derrière la tête, et retombant en plis gracieux sur les épaules, le *deputtah* suffit pour donner aux femmes qui en seraient le plus dépourvues, une élégance et une dignité qui deviennent sans pareilles au monde chez celles que la nature a déjà comblées de ces dons.

Il est assez rare de rencontrer une Begum de la cour dans les rues de Luknow. Toutefois lorsqu'il y a un lieu saint à visiter, ou un acte de dévotion à accomplir dans quelque mosquée éloignée, dans le but d'obtenir du ciel la plus grande des bénédictions, c'est-à-dire la naissance d'un enfant mâle, le cortége qui accompagne la favorite est des plus imposants.

On ne porte les timbales que devant la Padshah-Begum; elle seule aussi a le privilége de s'abriter sous un parasol brodé et d'être rafraîchie à l'aide des éventails en plumes de paon. Ces honneurs exceptés, le cortége est le même pour les autres Begums.

Décrivons en passant celui de la Padshah-Begum, qui se rend à la sainte Durgah pour y faire ses prières. Un régiment des gardes du corps de Sa Majesté marche d'abord en tête; les soldats sont revêtus de leur brillant uniforme de drap bleu brodé et argent. Deux bataillons d'infanterie suivent de près, puis une compagnie de lanciers vient ensuite, dont l'uniforme blanc fait un agréable contraste avec les jaquettes rouges de l'infanterie.

Une troupe d'hommes également revêtus d'habits blancs suit en bon ordre, et chacun d'eux porte un petit drapeau triangulaire, de couleur cramoisie, sur lequel sont brodées ou peintes les armes royales.

La voiture dans laquelle est enfermée la reine s'avance à la suite des porte-drapeaux. C'est une sorte de petite chambre recouverte de soie à l'extérieur.

Ce palanquin repose sur des perches portées par vingt esclaves. A chaque quart de mille, ces esclaves cèdent leur place à d'autres. Ils sont tous revêtus d'habits blancs très-serrés sur le corps, et leurs épaules sont recouvertes de larges manteaux écarlates, bordés de broderies d'or. Leurs turbans, également rouges, sont ornés sur le devant d'un poisson doré, de la bouche duquel s'échappe un gland d'or qui retombe sur les épaules. Les *porteuses* viennent ensuite dans l'ordre de la marche. Elles remplacent les hommes, lorsque le palanquin entre dans l'intérieur du palais ou de la Durgah. Ces femmes sont suivies d'un grand nombre d'autres serviteurs armés de bâtons d'or et d'argent, qui crient à haute voix le nom et les titres de la personne que renferme le palanquin; une de leurs fonctions consiste encore à tenir les mendiants à distance, car ces gens-là sont très-importuns dans la ville de Luknow, et les refus les plus péremptoires ne les rebutent jamais. Outre cela, il est d'usage, dans ces sortes de promenades, de leur jeter des pièces de monnaie; aussi le nombre des mendiants est-il toujours très-considérable autour de la litière royale.

Derrière les bâtonniers, on voit le chef des gardiens du palais monté sur un éléphant. C'est, comme je l'ai déjà dit, un officier d'une grande autorité et d'une immense importance.

Il est ordinairement richement habillé. Dans cette circonstance, il porte un vêtement de drap d'or et un turban magnifique, des cachemires de toute beauté; ce personnage est vraiment la plus imposante de toutes les marionnettes d'une cour hindoue.

Une foule de véhicules de toutes les formes s'avancent ensuite. Ces voitures renferment les dames de la cour de la Begum. Les palanquins, les *chundoles* et les *ruts* sont en très-grand nombre. Tout le monde sait que les palanquins sont tout simplement de

LA COUR D'UN RAJAH.

Une foule de véhicules de toutes les formes...

(P. 116.)

grandes boîtes dans lesquelles les femmes se tiennent couchées ou assises.

La *chundole* est le plus élégant des chariots, aussi est-il le plus coûteux. Le *rut* est tout simplement un petit wagon traîné par deux jeunes taureaux. Des soldats, des lanciers et des bâtonniers accompagnent en grand nombre cette suite de voitures, qui ne renferment pas moins de cent cinquante à deux cents femmes.

Quelles sont les occupations de tout ce monde-là? demandera-t-on. Les unes racontent des histoires pour endormir leur maîtresse, comme dans les *Mille et une Nuits*. D'autres ont pour mission le nettoyage de la tête, et se livrent à cette importante opération pendant une partie de la journée.

Celles-ci cousent; car bien que ce soient les hommes qui fassent dans l'Inde une partie des vêtements des femmes, il y a cependant aussi des couturières dans le palais.

Il en est d'autres qui sont préposées à la lecture du Koran; elles passent pour être les *bas bleus* du palais.

Enfin il y a encore une classe privilégiée d'esclaves employées aux travaux domestiques du palais, et ces femmes n'en restent pas moins cachées aux regards.

C'est ainsi qu'entourée d'une foule bruyante de serviteurs des deux sexes, la Padshah-Begum se rend à la mosquée. On s'imaginera facilement quel orgueil remplit le cœur de cette femme, quel sentiment elle a de sa propre grandeur et du bruit qu'elle fait dans le monde.

Eh bien! cette pauvre femme mérite notre pitié; car, après tout, ce n'est qu'une esclave entourée de luxe et d'éclat, et la femme la moins riche, vivant dans la plus humble condition du monde, est cent fois plus heureuse et plus respectée dans notre vieille Europe chrétienne, lorsque son mari est un honnête homme, et qu'elle a un intérieur à diriger, que ne l'est la Padshah-Begum du royaume d'Oude, malgré le luxe effréné dont elle est entourée.

II. — Combat d'oiseaux et de quadrupèdes.

Entraînement des perdrix et des cailles destinées aux combats. — Amusement du roi après dîner. — Les antilopes. — L'attaque. — Le combat et le dénouement. — Les tigres Kagra et Teraï-Wallah. — La cour de Nussir-u-Deen au balcon, assistant au combat. — L'etreinte mortelle. — La victoire.

L'un des plus fréquents amusements de la cour du roi d'Oude, était celui des combats entre des oiseaux et des bêtes fauves dressés spécialement pour cet usage. Des perdrix mâles, armées d'éperons, se battaient entre elles avec une rage qui amusait fort Sa Majesté Nussir-u-Deen. Quant il voulait se donner le plaisir d'un de ces duels de volatiles, ses serviteurs enlevaient la nappe aussitôt qu'on avait dîné, et les deux adversaires empennés, à qui l'on avait fait boire une drogue stimulante, étaient mis en présence l'un de l'autre. Le roi assis, comme à l'ordinaire, sur son siége doré, au centre de la table, faisait un signe, et un serviteur de sa maison apportait les deux oiseaux qui, tout étonnés de se voir en notre présence, nous regardaient d'un air stupéfait, se demandant ce qu'ils venaient faire là. On les entendait ensuite pousser un ou deux cris d'appel, sans qu'ils manifestassent toutefois le moindre signe d'hostilité. Tout à coup on plaçait sur la table une femelle, vis-à-vis de Sa Majesté. Les deux oiseaux avançaient alors doucement comme pour lier connaissance avec la nouvelle venue ; on les eût pris, à leur démarche solennelle, pour deux Turcs se rendant à la mosquée, ou entrant au harem.

A mesure que l'un des mâles voyait l'autre s'avancer vers la femelle, on remarquait chez lui des signes de haine et de fureur. Ses plumes se hérissaient, son cou se dressait en s'allongeant, un cri de défi répondait à un gloussement de colère, et cependant la femelle restait immobile, sans avoir l'air de se soucier du combat dont elle allait être l' « Hélène. » Enfin les deux perdrix s'élançaient l'une contre l'autre, et la dame empennée allait se placer à distance, pour ne pas recevoir les horions des deux rivaux, en attendant que l'un d'eux eût remporté la victoire. C'était un spectacle vraiment curieux que celui de ces oiseaux aux plumes hérissées, aux crêtes rougissantes, au bec ouvert, qui râlaient de rage et de fureur. Le combat était vraiment beau à voir dans tous ses détails. Chacun d'eux veillait au mouvement de son adversaire, les ailes à moitié déployées, frémissant d'impatience et se trémoussant sur ses petites pattes armées de lames d'acier très-bien affilées, n'ayant qu'un seul désir, celui d'acquérir de la gloire et de sucer le sang de son rival abhorré. Et tout autour de la table l'on voyait des amateurs animés par ce spectacle intéressant, surveillant les faits et gestes des petits coqs, applaudissant celui-ci, sifflant à la défaite de celui-là, et imitant en cela leur royal maître, qui paraissait être le plus enragé de tous ceux présents au *partrid-ge's-fight.*

Tout d'un coup, s'élançant l'un sur l'autre, les deux héros lilliputiens se rencontraient en l'air : leurs éperons frappaient la poitrine ou les jambes de l'ennemi, et leur bec cherchait à crever ses yeux. Le sang coulait et mouchetait la table en différents endroits, ce qui prouvait que ce combat n'était pas une plaisanterie qui dût se terminer d'une manière pacifique. Les spectateurs fêtaient le vainqueur au moment où il se levait sur ses ergots et chantait sa victoire à l'aide de gloussements sonores. Mais il n'y avait pas un moment à perdre. Le vaincu reprenait courage, le sang qui coulait de ses blessures ne l'avait point affaibli, la coupure faite à ses cuisses ne l'empêchait pas d'avancer. Loin de là, il sentait redoubler sa rage et se disposait à se battre comme un..... lion.

Les voilà qui sautent tous les deux l'un contre l'autre, les éperons s'entre-choquent, les becs picotent les yeux.

Le vainqueur a perdu pied : il se retire à quelques pas, un œil arraché de l'orbite et pendant par un nerf le long de sa joue. Le jeu était cruel, j'en conviens, mais l'habitude que nous avions tous de ce spectacle sanguinaire nous avaient rendus très-blasés, aussi les applaudissements éclataient-ils, et cet encouragement faisait recommencer le combat. Le pauvre oiseau dont l'œil était perdu n'avait pas besoin d'être excité, il se redressait plus fier que jamais, les plumes volaient, les coups de bec se multipliaient, jusqu'à ce qu'enfin un des deux oiseaux tombât, hué par la foule, tandis que le vainqueur, un œil de moins, une jambe écourtée, disparaissait emporté par les serviteurs pour être soigné et rappelé à la vie si la chose était possible, ou pour mourir si ses blessures étaient trop nombreuses.

Le vin coulait à pleins verres tout autour de la table qui avait été nettoyée par les serviteurs de Nussir-u-Deen. Le roi se montrait fort joyeux et offrait à ses amis une prise de tabac que personne n'osait refuser (1). Les femmes allument le charbon du

(1) Il est fort malséant d'éternuer, en présence du roi, à la cour de Luknow, et le sujet hindou qui manquerait à ce point à l'étiquette, risquerait fort de perdre son nez.

hookah royal et attisent la flamme, tandis que Sa Majesté hume de nombreuses bouffées de tabac, riant et se réjouissant de la victoire du coq qui avait arraché l'œil de l'autre oiseau et avait ensuite été battu à son tour.

Au pied des montagnes Himalaya, on rencontre de nombreux troupeaux d'une espèce d'antilopes, d'une forme gracieuse et d'une légèreté sans pareille, qui, capturés par ordre du roi, étaient amenés à Luknow pour être dressés au combat.

C'était au milieu des jardins du palais ou dans un amphithéâtre préparé à cet usage, que ces combats avaient ordinairement lieu. Le roi s'asseyait alors au centre d'un balcon d'où il pouvait tout voir, et ses courtisans se pressaient autour de lui. Nous aimions à admirer les pas gracieux des deux ennemis qui s'avançaient la tête droite, et cherchaient tout d'abord à entrelacer leurs cornes les unes dans les autres. Hélas! toute cette grâce, toute cette élégance devaient servir à nos plaisirs et disparaître par la mort.

Les têtes rapprochées, les pieds roidis, faisant des efforts incroyables, les deux antilopes avançaient et reculaient suivant qu'ils gagnaient pied ou qu'ils le perdaient. Enfin, à force de se débattre, les cornes des pauvres bêtes s'entrelaçaient de nouveau, les muscles de leurs légers fuseaux s'étiraient à se casser, et bien souvent ces efforts se terminaient par la mort de l'un des combattants.

Maintes fois cependant la bataille se prolongeait très-longtemps.

Tout autour du roi les cris se répétaient, et Nussir-u-Deen lui-même donnait le signal de la joie.

— Regardez, comme le plus petit tient le plus gros! Bravo! bravo! c'est le noir qui a l'avantage! s'écrie le roi.

Et c'est la vérité! l'antilope dont le pelage est le plus foncé pousse résolûment son adversaire, dont les yeux roulent avec rapidité dans leur orbite, et paraissent animés d'une rage impuissante. La terreur, la crainte d'être vaincu semblent paralyser ses mouvements.

A force de reculer, la pauvre bête est acculée par son adversaire contre la balustrade de bambous qui entoure l'arène. Il ne peut pas faire un pas de plus : c'en est fait de lui.

— Voici le bon moment, s'écrie un des plus hardis sportsmen de la galerie royale, tout en se frottant les mains et en manifestant sa joie. Voici l'instant favorable, sire!

Et le monarque applaudit de toutes ses forces.

L'animal le plus faible, ranimé par les cris poussés autour de lui, tourne les yeux du côté d'où partent les voix. Peut-être un secours inattendu lui viendra-t-il de ce côté; hélas! la force l'abandonne, ses membres lassés tremblent à mesure que son antagoniste redouble ses efforts pour le terrasser. Tout d'un coup il paraît céder, et cherche à fuir en se tournant de côté pour se dégager de l'étreinte de son ennemi; hélas! cette feinte ne lui a point été profitable. En effet, les cornes se sont détachées les unes des autres; mais le vainqueur, celui du moins à qui il reste plus de force, profite de sa vigueur pour enfoncer ses andouillers dans les flancs du vaincu. L'animal blessé courbe la tête, tombe comme à genoux en poussant un gémissement douloureux, et laisse tomber quelques larmes le long de ses joues.

Il veut vivre, il vivra; et, faisant un effort suprême, il se relève, se dégage de la terrible position dans laquelle il trouverait la mort, et repousse la tête de son adversaire; puis le voilà parti comme une flèche; il vole comme le vent, le long de la palissade, cherchant une issue pour échapper au sort fatal qui le menace.

Il va sans dire que l'assemblée royale et Nussir-u-Deen lui-même sont transportés de plaisir. C'est un sport nouveau sur lequel on ne comptait pas, et le roi encourage le fugitif par un bruyant *Shâvash* qui retentit dans toute l'enceinte, au bruit des bravos répétés de tous les courtisans.

Une antilope qui court pour sauver ses jours est plus rapide qu'une flèche, et l'œil a grand peine à le suivre. La pauvre bête cherche inutilement un moyen de fuir, et tandis qu'elle tourne autour de la palissade, son adversaire se repose et prend ses dispositions pour un nouveau combat. Soudain il s'élance à son tour, non pour fuir, mais pour attaquer; à un moment donné il rejoint le fuyard, saisit l'occasion favorable pour lui enfoncer encore ses andouillers dans les flancs : l'animal qui tombe relève la tête du côté du roi (*Cæsar, morituri te salutant*) et s'étend mort sur le sol, tandis que le vainqueur, arrachant ses cornes de la peau déchirée de son ennemi, regarde tout autour de lui d'un air de triomphe.

Mais laissons là les combats de ces pauvres gazelles, et racontons à nos lecteurs les hauts faits des tigres sanguinaires, des rhinocéros et des éléphants. Les batailles des perdrix, des cailles, des corbeaux et des coqs, des béliers et des antilopes ne sont rien en comparaison avec ces spectacles grandioses. Ce sont de vraies tragédies celles où deux tigres se rongent les flancs, où deux rhinocéros se fouillent la poitrine à l'aide de leurs cornes acérées, où deux éléphants s'entrelardent à l'aide de leurs défenses d'ivoire. Les combats que nous avons décrits sont le vaudeville de ces fêtes, tandis que les grandes batailles des carnassiers sont le drame de résistance.

Les deux tigres de Nussir-u-Deen étaient privés de nourriture et d'eau deux jours avant celui où ils devaient se battre, et quand on les lâchait dans l'enceinte dont les palissades étaient garnies de barres de fer et de grillages, on aurait entendu, grâce au silence qui se faisait, le bruit d'une épingle qui serait tombée sur le sol.

Jamais plus grande curiosité n'avait animé les hommes présents à ces fêtes.

L'un des tigres du roi était une bête gigantesque nommée *Kagra*, qui, plusieurs fois déjà, avait remporté la victoire dans les combats de Luknow. Je ne crois pas qu'il existât au monde un plus énorme animal de cette espèce : son pelage était admirablement rayé, et ses mouvements avaient une souplesse sans pareille. Les courtisans du roi qui s'occupaient à trouver à *Kagra* un adversaire digne de se battre avec lui, avaient longtemps désespéré de réussir, lorsqu'un jour on annonça à Nussir-u-Deen qu'on avait capturé en vie, dans le Ter-aïd, — cette lande déserte placée entre l'Oude et le Nepaul, au pied des monts Himalaya, — un tigre d'une force incroyable et d'une stature gigantesque. Naturellement, l'idée vint à tout le monde que les deux monstres, mis en présence, offriraient aux amateurs de sport un spectacle des plus saisissants.

Le nouveau venu, nommé Teraï-Wallah par ceux qui l'avaient pris et amené à Luknow, fut comblé de soins, et on désigna pour le faire paraître devant Sa Majesté, le jour de la réception à laquelle devait assister le commandant en chef anglo-hindou de l'armée du roi d'Oude.

On fit de grands préparatifs pour rendre le spectacle très-imposant. La cour dans laquelle le combat devait avoir lieu fut décorée de fleurs et de branches d'arbres, dans ce style hindou qui est tout particulier aux pays arrosés par le Gange.

On orna de bannières et de draperies brodées d'or la galerie sur laquelle devait s'asseoir Nussir-u-Deen et sa cour, le commandant de l'armée et son état-major. Le dais royal, façonné comme un parasol, était d'un tissu cramoisi, bordé d'une frange d'or, et s'élevait au-dessus du trône, aux deux côtés duquel étaient rangés les siéges destinés aux invités et au Résident anglais. Dans cette occasion solennelle, Nussir-u-Deen avait placé sa couronne sur sa tête. Ce bijou, nouvellement fabriqué, était un véritable objet d'art, incrusté de pierres précieuses de la plus belle eau, et surmonté d'une aigrette de plumes de héron d'une blancheur de neige.

Le roe d'Oude pouvait être noble et digne quand il le voulait, et je dois dire que la délicatesse de ses traits, la couleur bistrée de sa peau, rehaussée par l'éclat de ses diamants et la blancheur de son panache, donnaient à sa personne une apparence toute royale. Son costume était à la mode orientale, taillé dans des étoffes de Chine, d'une soie tissée d'or et d'argent, dont les plis chatoyaient au moindre mouvement. Le commandant en chef de l'armée avait revêtu son costume de général et le Résident anglais ressemblait à un notaire, avec sa toilette de drap noir et sa cravate de mousseline. La vue de cette assemblée était du nombre de celles que l'on n'oublie pas, et dont le souvenir survit à celui de mille autres moins frappants.

Les cages dans lesquelles Kagra et Teraï-Wallah étaient enfermés, furent bientôt roulées vis-à-vis de l'estrade où se tenaient les nobles spectateurs, et l'on put voir les deux animaux se démenant comme des diables dans un bénitier, faisant claquer leurs mâchoires, en signe de colère, chaque fois qu'un des gardiens s'approchait vers eux.

Il s'agissait, avant tout, de faire en sorte que les deux tigres comprissent leur présence mutuelle sur le champ de bataille, aussi les cages étaient tournées l'une contre l'autre, en biais, car si l'on eût agi autrement, l'un ou l'autre tigre, à l'exemple de ses semblables qui sont fort lâches, aurait pu, au cas où on l'aurait mis inopinément en présence du danger, se cacher ou fuir lâchement.

En mainte occasion il nous arriva d'être témoins d'un pareil spectacle. Deux carnassiers de la même espèce, affamés, morts de soif, s'élançaient dans l'arène sans savoir qu'il y avait un camarade près d'eux, et s'efforçaient, dès qu'ils apercevaient cet inconnu, de rentrer dans leur cage respective.

S'ils ne pouvaient pas y parvenir, ils se glissaient jusqu'à un des angles, s'accroupissaient sur leur ventre, et surveillaient, sans aucune velléité de combat, les mouvements l'un de l'autre.

Kagra et Teraï-Wallah ne tardèrent pas à s'apercevoir de leur présence : ils s'élançaient tous les deux contre les barreaux de leur cage, en hurlant à pleins poumons et en montrant à nos yeux leurs dents pointues, tandis que la bave dégouttait de leurs lèvres. Le commandant en chef de l'armée et le Résident éprouvaient une joie qui se lisait sur leur visage.

— Sur lequel de ces animaux Votre Excellence désire-t-elle faire un pari? demanda le roi à son ministre de la guerre.

— Que Votre Majesté m'excuse de ne point parier, répondit le général.

Je dirai en passant pour excuser ce manque d'étiquette, que la Compagnie des Indes était liée aux intérêts de Nussir-u-Deen, eu égard aux troubles intestins qui menaçaient son royaume; aussi le roi ne trouva-t-il pas mauvais le refus de son ministre.

— Moi, je suis pour Kagra, et je place cent mohurs d'or sur sa tête, fit le souverain de Luknow en se tournant du côté du Résident anglais.

— Je tiens le pari de Votre Majesté, répliqua celui-ci. M'est avis que Teraï-Wallah remportera la victoire.

— Nous verrons, repartit le roi en se frottant les mains, car il éprouvait une joie qui perçait dans ses yeux brillants. Nous verrons tout à l'heure. Voulez-vous tenir pour Teraï-Wallah, ajouta-t-il en parlant à son premier ministre dans la langue hindoue.

— Je suis d'avis, sire, que milord Résident a raison, répondit celui-ci.

Le premier ministre était un homme fort riche, qui portait là un titre tout à fait honorifique, car le barbier de Nussir-u-Deen était réellement le grand ordonnateur de toutes choses à Luknow.

— Allons, soit, fit le roi, mais je parie cent mohurs d'or pour Kagra.

Le premier ministre tint l'enjeu et nota le chiffre de la somme sur une élégante tablette d'ivoire qu'il tenait placée à sa ceinture, faite d'un châle de cachemire admirable. En prenant cette précaution le courtisan n'avait point l'intention de rappeler au roi son pari au cas où il l'aurait oublié ou qu'il n'eût pas voulu se le rappeler; mais seulement si Nussir-u-Deen eût nié qu'il eût parié pour Kagra, il voulait être à même de prouver le contraire le plus humblement possible au « Défenseur du monde entier. » Et cependant, si le roi eût insisté et cherché à convaincre son premier ministre qu'il avait pris le parti de Teraï-Wallah, et que comme ce tigre avait emporté la victoire, il s'agissait de lui payer cent mohurs d'or, le courtisan se serait exécuté, bon gré malgré, en riant, quitte à regagner son argent en pressurant un peu plus le premier délinquant riche qui lui serait tombé dans les mains.

On donna le signal : le treillage de bambous qui cachait la vue de l'intérieur des cages fut écarté des deux côtés, et l'on ouvrit les portes. Teraï-Wallah ne fit qu'un bond hors de sa prison de fer, les mâchoires grandes ouvertes et se battant les flancs à l'aide de sa longue queue. Kagra, lui, s'avançait lentement sur le sable de l'enceinte, tout en imitant les gestes de son adversaire. Ils se tenaient l'un et l'autre à environ cinquante pieds de distance, surveillant chacun de leurs mouvements, la mâchoire ouverte, la queue agitée par une sourde colère.

Enfin, Kagra fit quelques pas en avant : son adversaire était venu se coucher devant l'estrade royale; face à face avec Teraï-Wallah, accroupi sur lui-même, prêt à s'élancer, Kagra, peu à peu, rampa en décrivant un cercle, et chacun de ses mouvements était mesuré comme celui d'un brigand de grande route, car plus il avançait, plus il se rapprochait du tigre des déserts de l'Himalaya.

Teraï-Wallah, qui demeurait immobile, se leva à son tour, imitant en tout son ennemi et resserrant le cercle qui le rapprochait de lui. Nous éprouvions tous une émotion qui suspendait la respiration de chacun de nous sur nos lèvres. Nos regards suivaient chacun des combattants et cherchaient à deviner ce qu'ils allaient faire. A vrai dire, les deux tigres méritaient d'attirer l'attention générale, car ils étaient d'une taille extraordinaire, d'une parfaite santé, pleins de force et de vigueur. Le pelage de Teraï-Wallah était tant soit peu plus clair que celui de Kagra; peut-être la couleur du poil, entre les raies brunes, était-elle plus dorée que celle de l'autre animal. Tous les deux étaient d'une beauté merveilleuse, d'un courage à l'épreuve et d'un aspect terrifiant.

Dans un moment donné, comme ils avançaient toujours à pas lents, Kagra fit un saut. Les victoires qu'il avait déjà remportées le rendaient peut-être trop confiant en lui-même. Il sauta, non pas comme si cet effort eût été une impulsion qui lui fût particulière, mais comme si une force invisible, un choc galvanique auquel il n'avait pu résister, l'eût poussé en avant. Le saut fut tellement rapide, tellement inattendu qu'il nous surprit tous. Mais Teraï-Wallah se tenait sur ses gardes. Il se trouva en l'air en même temps que son ennemi, et les deux bonds avaient été faits avec une telle régularité, qu'on eût dit qu'ils étaient convenus à l'avance par les acteurs quadrupèdes. Kagra retomba sur le sol et repoussa le tigre dont il épiait l'attaque; mais avant d'avoir pu se remettre en garde, Teraï-Wallah s'était élancé sur lui; il enfonça ses griffes dans le cou de son ennemi et ouvrit la gueule pour mordre. Nous avions à peine remarqué l'avantage remporté par Teraï-Wallah, que Kagra, qui s'était jeté à son tour sur lui, faisait un effort suprême qui décelait une énergie imprévue. Teraï-Wallah lâcha prise, sans pouvoir résister aux nombreux trémoussements de Kagra, qui se trouva tout à coup libre au milieu de l'arène. Il est vrai que son sang coulait de deux blessures à son cou et à son épaule droite, mais à peine s'était-il senti délivré de cette horrible étreinte, qu'il s'était disposé à recommencer le combat.

— Shavash! Kagra! bravo! Je double mon pari, s'écria le roi en se tournant du côté du premier ministre.

— Du moment où le « *Refuge du monde entier* » le désire, répliqua Rooshum, qui prit encore ses tablettes, j'accepte.

Nous autres, dont l'attention était dirigée sur ce qui se passait dans l'amphithéâtre, nous ne fîmes presque pas attention à cette parenthèse. Enfin le combat recommença, scène horrible, cruelle, spectacle sanguinaire dont rien ne saurait donner une idée, bataille corps à corps, griffe à griffe, dent à dent, boucherie de lambeaux de chair, brisures de membres, convulsions, hurlements, grincements de dents, culbutes, étreintes; c'était, comme dit le vieux Shakspeare : *triste*, *triste*, *triste* à voir, et cependant ce spectacle avait sa solennité et nous donnait à tous une représentation fidèle de ce qui se passe généralement entre animaux de la même espèce, au milieu des jungles des grandes Indes.

Les deux carnassiers debout, s'étreignant l'un l'autre, avaient plus de six pieds de hauteur, du haut de la tête à l'extrémité de leurs jambes de derrière étendues; ils se tenaient l'œil en feu, les dents incrustées dans la chair sans en déraper, les griffes implantées dans la peau, sans s'en retirer. Le sang coulait abondamment; il dépendait du hasard de favoriser Kagra ou Teraï-Wallah. Celui qui eût été terrassé devait infailliblement périr, car le choc lui eût fait alors lâcher l'étreinte qui était sa force.

Ces détails, si longs à décrire, avaient été remarqués par chacun de nous en un clin-d'œil. Les spectateurs de la galerie et de l'estrade royale observaient le plus grand silence tout en examinant ces animaux se surveiller mutuellement. La plupart d'entre eux n'essayaient même pas d'ouvrir la bouche pour respirer. Cette expectative fut de courte durée, car Kagra, repoussant Teraï-Wallah s'élança sur lui et le tint cloué sur la terre, dans l'impossibilité de remuer.

— Bravo! Shavash! Kagra, s'écria Nussir-u-Deen dans un accès de joie. Kagra l'emporte.

— Il est vainqueur, murmurèrent toutes les lèvres.

Cet avantage ne dura qu'un instant. Kagra avait planté ses griffes dans le ventre de Teraï-Wallah; mais ce dernier, se servant d'une patte dégagée, en frôla le museau de son ennemi dont il perça les yeux l'un après l'autre. Kagra poussa un rugissement sans pareil et dégagea ses griffes, ou du moins chercha à les dégager.

Hélas! il ne put en venir à bout. Teraï-Wallah avait plongé sa mâchoire dans la gorge de Kagra, et ce fut en vain que ce dernier chercha à se rendre libre. Le tigre des monts Himalaya était donc vainqueur, car le conteste n'était point admissible. Kagra ne pouvait plus prétendre à la victoire; il perdait son sang par toutes ses blessures, et Teraï-Wallah enfonçait de plus en plus ses dents dans la gorge de son ennemi. Ce dernier faisait bien encore quelques égratignures au ventre de son odieux vainqueur, mais le bel animal se souciait fort peu de cette défense inutile.

— Kagra est vaincu, s'écria-t-on de toutes parts, en langue anglaise et hindoue.

— Mon Dieu, oui! répliqua le roi, et j'ai donné des ordres à mes serviteurs pour que l'on ouvrît la porte de sa cage et qu'on l'arrachât aux morsures de Teraï-Wallah.

A l'aide de barres de fer on desserra les dents de cet enragé quadrupède. Ce fut là la partie la plus hideuse du spectacle, et pourtant il fallait agir ainsi pour sauver Kagra de la mort.

En effet, ce moyen réussit, mais au détriment des lèvres et de la gueule du malheureux animal. La porte de la cage était grande ouverte, et le tigre s'y élança, sans demander son reste, laissant des traces de sang sur son passage, la queue serrée entre les jambes, et mettant pourtant en pratique toute la ruse d'un chat qui fuit le danger. On se servit encore de barres de fer rouge pour empêcher Teraï-Wallah de poursuivre son adversaire vaincu. A peine Kagra était-il parvenu près de son refuge, que Teraï-Wallah fit un autre effort, s'élança par-dessus la tête des Hindous qui tenaient les fers rougis, avec l'intention de mordre encore; mais il manqua son coup, et Kagra eut tout le temps de rentrer dans sa cage et de se blottir dans le coin le plus obscur, en tremblant comme un mouton.

Teraï-Wallah ne cessait pas de tenir les yeux fixés sur son antagoniste; à la fin pourtant, il se mit à lécher ses pattes, et une fois cette besogne terminée, nous le vîmes se lever majestueusement et s'avancer la tête haute jusqu'à sa cage, dans laquelle il rentra d'un air délibéré.

A examiner les blessures de ses épaules, le sang qui ruisselait de ses plaies à chaque pas qu'il faisait, on comprenait à quel prix la victoire avait été achetée.

II. — Une rencontre entre un rhinocéros et un éléphant.

Un combat de chameaux. — Le rhinocéros. — Naturel paisible de cet animal. — Sa manière de combattre. — Le rhinocéros et l'éléphant. — Le rhinocéros et le tigre. — Combat d'éléphants. — « Mallur » — Le combat du « Mahout. » — Sa mort. — Les remords d'un pachiderme. — Autre combat. — Le danger et la suite.

J'ai déjà décrit le combat ordinaire des oiseaux, des antilopes et des tigres à la cour de Luknow; voici, maintenant le tour des plus gros et des plus lourds de tous les animaux.

Rien n'est plus cruel au monde que les combats que se livrent les chameaux entre eux. C'est à Luknow même qu'on dresse à ces jeux sanguinaires ces bêtes de somme que la nature avait créées pour être paisibles et non point belliqueuses; mais quand l'homme s'efforce de changer la nature du chameau et veut faire de lui un animal batailleur, afin de se récréer, ce quadrupède devient horrible à voir.

Tout le monde sait qu'à l'exemple du lama du Pérou, le chameau lance hors de sa gorge un liquide nauséabond sur son adversaire. J'ai vu ceux que l'on élève à Luknow pour le combat, faire ressortir un de leurs deux estomacs à force de cracher.

Certes, c'est là un spectacle odieux! Rien n'est moins agréable non plus que l'aspect de deux mâchoires tenaillant la longue lèvre de l'autre chameau et l'arrachant d'une manière brutale. Ces combats se terminent toujours par la vue de deux têtes mutilées, et d'yeux arrachés.

Le rhinocéros est naturellement aussi un animal fort paisible; l'évêque Héber dit que, sous le règne de Ghazi-ü-Deen, on se servait de rhinocéros pour traîner les voitures et pour porter le howdah.

Je n'ai jamais vu de rhinocéros employé à cet usage, et quoiqu'il soit fort paisible, il est, par sa nature, plus propre que le chameau aux combats aimés des Hindous. Une corne, d'une forme pareille à celle d'un couteau, une peau rugueuse bien plus impénétrable qu'une cotte de mailles, un corps épais et des membres musculeux, tout concourt à rendre effrayant cet animal, qui est un rude joûteur même pour des bêtes d'une taille plus gigantesque. Je suis certain que lorsqu'un rhinocéros est excité, il tuerait un hippopotame.

L'enceinte dans laquelle ces divers animaux étaient parqués à

Luknow pour servir au divertissement royal, était fort grande, et il sera facile de s'en convaincre, lorsque je dirai que la ménagerie royale contenait, pendant mon séjour à la cour du roi d'Oude, de quinze à vingt rhinocéros.

On les gardait en plein air à Chaun-Gunge, et on les laissait errer çà et là dans de certaines limites.

C'était ordinairement dans ce palais de Chaun-Gunge, et quelquefois dans un autre situé sur les bords de la rivière appelée Mobarrak-Munzul qu'avaient lieu les combats des plus gros animaux.

La scène se passait généralement dans un enclos préparé dans ce but, sur un côté duquel on avait bâti, pour le roi et sa suite, une estrade attenant à une galerie placée sur le devant de la maison et destinée à l'entrée des équipages, sorte de constructions plus ordinaires à Calcutta qu'à Londres.

Quelquefois, cependant, les combats avaient lieu au milieu du parc, en plein air, et on élevait alors des galeries fixées sur des piliers très-solides. Deux rhinocéros mâles, généralement plus disposés à se livrer bataille à certaines époques particulières de l'année, plutôt que dans d'autres, comme cela arrive aux éléphants, étaient entraînés d'une manière convenable à l'aide de drogues stimulantes.

On les plaçait dans l'enclos, aux deux côtés opposés, ou bien encore des hommes robustes, montés sur de bons chevaux et armés de lances, les chassaient l'un vers l'autre dans l'intérieur du parc. La première vue de l'autre rhinocéros suffisait pour que l'un et l'autre se préparassent à l'attaque; car les deux animaux connaissaient tout de suite, par l'odorat, qu'ils étaient près d'un mâle et non près d'une femelle.'

S'élançant alors l'un sur l'autre, la tête tant soit peu baissée, ils se rencontraient avec fureur dans le milieu de l'arène et poussaient en avant leurs museaux armés comme le fait un cochon.

La carapace de ces quadrupèdes est si épaisse sur le dos et sur les jambes que bien souvent la petite corne, appelé « le canif » qui s'élève sur le dessus du museau ne peut faire aucune entaille. On ne peut blesser un rhinocéros que vers la peau du ventre ou entre les jambes.

Le but de chaque combattant en s'approchant de son rival est d'introduire son museau entre les jambes de son antagoniste, et par ce moyen, de l'éventrer, ce que la petite courbure de la corne rend très-facile, du moment qu'elle est convenablement dirigée.

A vrai dire, comme tous deux cherchent à trouver le même

avantage, leurs têtes et leurs museaux, dans le premier cas, se rencontrent vers le milieu. Ils se frappent alors en poussant et en abaissant leurs têtes, grognent ensuite avec colère et montrent une activité et une énergie dont personne ne les croirait capables, vu la pesanteur de leurs formes; leurs museaux s'agitent l'un contre l'autre, tandis qu'ils s'attaquent mutuellement; leurs cornes se rapprochent aussi, et le son qui provient de ce contact prouve tout à fait que ce n'est pas un jeu d'enfant qui les excite de cette manière.

Je ne saurais expliquer, cependant, comment les deux animaux semblent être enchaînés l'un à l'autre, corne contre corne, museau contre museau, les têtes toujours baissées de façon à préserver leur poitrine et la partie sensible entre les jambes de devant.

C'est alors qu'ils se livrent aux plus terribles efforts, car ils se poussent continuellement en y employant toutes leurs forces. Chacun d'eux fait usage du poids de sa masse fantastique et de la force singulière dont la nature l'a doué. Ils se poussent et se repoussent avec une persévérance obstinée.

Le plus faible doit reculer à la fin. Il cède d'abord doucement, pas à pas, puis plus vite, par une espèce de trot à reculons, car le plus fort et le plus opiniâtre des deux conserve toujours son avantage avec une férocité implacable. Le plus faible, voyant enfin qu'il ne peut plus tenir tête, fait un effort désespéré en arrière de manière à délivrer son museau et sa corne. C'est le moment décisif du combat.

J'en ai vu souvent se terminer d'une façon toute inattendue. Si on est dans un enclos, et que le plus faible n'ait pas de place pour se retirer, il est presque sûr d'être déchiré par son impétueux agresseur; on doit s'attendre à le voir tomber rudement blessé, sinon mort. Quant à son adversaire, il est toujours entraîné hors de l'arène à l'aide de fers chauffés à blanc, appliqués sous le ventre, et à coups de lances. Dans le parc de Chaun-Gunge, cependant, lorsque le plus faible était alerte, il parvenait quelquefois à se détacher lui-même et à décamper aussi vite que possible sans recevoir aucune blessure.

Naturellement le plus fort le poursuivait, et ils étaient bientôt hors de vue. Dans ces occasions-là, tout dépendait de la nature du terrain et de l'activité des deux animaux. Si le fugitif était atteint par celui qui le poursuivait, rien ne pouvait lui sauver la vie, car bientôt il avait la poitrine ouverte par une horrible blessure dont la profondeur avait de vingt à vingt-cinq centimètres.

Une seule fois cependant, et une seule, j'ai vu un combat se terminer d'une tout autre manière que celle à laquelle nous nous attendions.

Le plus faible s'était retiré peu à peu, d'abord lentement, puis ensuite plus vite. La scène se passait au milieu d'un parc.

A la fin, le rhinocéros prit son élan en arrière, de manière à se dégager, et il réussit. L'animal le plus fort, qui avait évidemment une tête de porc, fut surpris d'une résistance inattendue et rejeta en haut son museau d'un air très-étonné.

Son ennemi, plus actif, s'aperçut tout de suite de ce mouvement, et, tout en se préparant à fuir, il s'arrêta, baissa la tête et lança immédiatement sa corne dans les jambes de devant de son ennemi.

Le filet de sang qui s'échappa de la poitrine du combattant, et le souffle du blessé oppressé par la sonffrance annoncèrent bientôt la victoire de celui qui, debout un moment, avait perdu pied et n'avait peut-être plus d'espérance.

Le rhinocéros blessé recourut à la fuite; il perdait son sang à gros bouillon et ses intestins sortaient de sa blessure.

Son adversaire le laissa tourner et courir quelques pas, puis il enfonça de nouveau sa corne entre ses jambes de derrière, l'y ficha très-profondément, et le rhinocéros tomba mutilé de la plus horrible manière, tandis que les cavaliers agiles chassèrent l'agresseur à l'aide de leurs longues lances. — Certes, ce n'était pas une chose facile.

J'ignore si le rhinocéros blessé mourut ou non. Je l'ai probablement entendu dire à cette époque, mais aujourd'hui je l'ai oublié. Les vétérinaires de Luknow sont d'une si grande habileté, que je ne m'étonnerais pas qu'il se soit rétabli.

Le combat entre un rhinocéros et un éléphant n'est pas, à beaucoup près, aussi iutéressant que celui entre le rhinocéros et le tigre. Dans le premier cas, il n'est pas facile, d'abord, de forcer les deux animaux à s'attaquer l'un l'autre, quoique l'éléphant et le rhinocéros soient dans des conditions pareilles d'entraînement.

Toutefois, s'il leur prend à tous deux la fantaisie d'essayer leur courage, l'éléphant s'approche, comme d'habitude, sa troupe en l'air et la tête en avant, tandis que le rhinocéros, se tenant sur ses gardes, marche le museau baissé. Bien souvent les défenses de l'éléphant effleurent la carapace du rhinocéros sans lui faire le moindre mal, tandis qu'avec son énorme tête il repousse en arrière l'animal plus léger.

Si les défenses de l'éléphant font tomber le rhinocéros, comme cela arrive quelquefois, le pachiderme les lui plonge alors sans miséricorde dans le ventre; mais, le plus souvent, le combat finit au désavantage de l'éléphant, car le rhinocéros fait pénétrer son museau entre les jambes de devant de son adversaire et le déchire cruellement, tandis que l'éléphant se débat tout le temps avec sa trompe, et cela en pure perte, à peu d'exceptions près.

Le rhinocéros, empêché d'agir par les défenses de l'éléphant, ne peut point faire pénétrer son museau bien avant dans le corps de son ennemi, aussi la blessure qu'il lui fait n'est jamais très-dangereuse.

Le combat entre le rhinocéros et le tigre offre toujours une grande animation et intéresse le spectateur. On aime à voir la défense opiniâtre et passive de cet énorme animal et l'attaque furtive du plus petit : le museau abaissé de l'un, des dents brillantes de l'autre, la corne retroussée de celui-ci, se préparant bravement à la riposte dans une attitude de défense méfiante, la tête ronde de cet autre au milieu de laquelle ses yeux brillent, ses griffes musculeuses, tout cela captive et intéresse vivement.

Cependant le rhinocéros ne craint jamais la moindre attaque sur le dos; car, lorsque le tigre saute sur lui, ses griffes n'ont pas de prise sur le cuir impénétrable qui le protége. Si le rhinocéros est renversé par le tigre, dès ce moment son sort est décidé; il est déchiré, mis en pièces et mordu en dessous d'une manière seulement pratiquée par le tigre.

J'ai entendu parler des terribles résultats qui suivaient l'assaut du tigre, mais je n'en ai jamais été témoin.

Sur dix cas, le rhinocéros a neuf fois l'avantage, le tigre s'élance et ressaute, mais il échoue toujours, eu égard à l'armure impénétrable qu'il rencontre sous ses dents, c'est-à-dire la peau de son adversaire; et puis, enfin, dans un moment ou dans un autre, le rhinocéros saisit l'occasion, et réussit à infliger au tigre une blessure toujours mortelle au moyen de sa corne formidable.

Le tigre évite alors le combat et échappe aisément à l'attaque de l'ennemi, toutes les fois que le rhinocéros songe à se jeter sur lui.

Il n'existe peut-être pas au monde un animal moins vulnérable que le rhinocéros; il n'en est certainement aucun qui attaque son ennemi avec autant de sang-froid et plus de calme intérieur.

L'enferme-t-on dans un petit enclos avec un tigre féroce, il ne paraît pas du tout déconcerté, et ne trouve même pas sa situation désespérée : bien au contraire, il attend son sort avec un flegme sans pareil.

La « cotte d'armes » est naturellement sa principale défense; mais ce qui contribue le plus à sa sûreté, c'est la forme de sa tête qui se recourbe intérieurement, depuis le museau jusqu'au front, de sorte que ses yeux profondément enfoncés sont en sûreté sous un os concave où il n'est pas facile de les atteindre. La corne courte et aiguë qui protége le bout du nez du rhinocéros lui donne un moyen de défense de plus; c'est là l'une des armes défensives les plus formidables que possède aucun animal, surtout eu égard à la force du rhinocéros.

J'ajouterai en passant qu'on éprouve un entraînement invincible en voyant cet animal, dont la forme est celle du porc, résister sérieusement et dompter souvent les tigres et les éléphants les plus énormes. Je n'ai jamais vu de rhinocéros lâché contre un lion.

Le roi d'Oude n'avait que trois ou quatre lions et il les conservait avec soin pour les grandes occasions; m'est avis qu'un combat de cette sorte ressemblerait fort à celui que se livrent le tigre et le rhinocéros. D'ailleurs le lion se bat comme le tigre; aussi un combat entre deux lions est toujours, à peu de chose près, semblable à celui de deux tigres.

Il n'y avait pas à Luknow de lion qui pût lutter avec les plus gros tigres du pays. Les animaux de cette espèce capturés au nord-ouest de l'Himalaya et dans l'Asie n'égalent pas en grosseur ceux d'Afrique. Je doute pourtant beaucoup que le tigre du Bengale soit le plus formidable des deux.

Je n'ai jamais vu, ni à Londres, ni à Paris, d'aussi gros lions que les plus gros tigres de Luknow.

Sur cent cinquante éléphants que nourrissait le roi d'Oude, on en comptait un avec défense cassée, qui avait été victorieux dans plus de cent combats. Il s'appelait *Mallur*, et était fort apprécié du roi.

Sa défense avait été rompue morceau par morceau dans plusieurs escarmouches; car les éléphants se précipitent les uns sur les autres avec une telle violence, que bien souvent ils brisent leurs défenses en partie ou en totalité.

Mallur qui, comme je l'ai dit, avait perdu sa défense, était un éléphant au pelage noir, d'une taille gigantesque, et dont les attaques étaient terribles, quand il était dans cet état d'excitation que l'on appelle le *must* d'un quadrupède.

Lors de la visite du commandant en chef, il fut convenu que l'on chercherait un adversaire convenable pour Mallur, et qu'il paraîtrait encore une fois sur le théâtre en qualité de gladiateur. C'était heureusement à l'époque favorable.

Mallur était en rut, comme aussi un autre énorme éléphant, d'un pelage noir comme le sien, qui fut amené dans l'arène, en sa présence.

Lorsque deux éléphants mâles sont dans cet état d'excitation, ils commencent le combat dès le moment où ils s'aperçoivent; il est même inutile de les aiguillonner.

Chacun d'eux porte son gardien, — le *Mahout*, comme on l'appelle, — assis sur son cou. C'est la seule personne qui puisse sans danger, approcher cet animal dans une telle circonstance. Dans les mains du Mahout cet animal est généralement, bon gré mal gré, docile comme un enfant.

Il n'est pas besoin de faire de préparatifs pour le combat; il s'agit seulement de passer une forte corde, qui va du cou de l'éléphant jusqu'à sa queue, et c'est à l'aide de ce lien que le Mahout retient sa monture, et reste « en selle » pendant le combat.

On doit bien penser que la position du pauvre homme n'est pas très-agréable durant une telle bataille; mais les Mahouts sont tellement jaloux de la réputation de leur bête, qu'ils aiment bien mieux voir choisir leur éléphant pour prendre part au combat que s'il en était exclu. C'est là un honneur pour eux, comme c'en est un pour le gigantesque combattant dont ils sont les guides.

Si le Mahout était renversé, l'éléphant qui combat sa monture le tuerait infailliblement s'il en avait l'occasion, aussi le Mahout se tient-il au cordon avec toute la force d'un homme qui saisit une planche après un naufrage.

Toutes les fois que Mallur était choisi pour l'amusement du commandant en chef anglais ou pour celui du souverain d'Oude, la scène se passait dans un des palais de Nussir-u-Deen, situé sur les rives du Goomty.

Du haut d'une terrasse construite sur le bord de l'eau on dominait tout le cours de la rivière. Un grand parc s'étendait de l'autre côté du courant, et sur cette rive avait lieu le combat que nous apercevions du balcon.

Le Goomty n'était pas plus large en cet endroit qu'une rue de Paris ou de Londres, et la terrasse s'avançait au-dessus de l'eau, de sorte que nous étions assez près pour bien voir le combat. La rive opposée était couverte d'herbes, rien n'empêchait donc qu'on vit parfaitement ce qui se passait, même à une distance fort éloignée.

A un signal donné par le roi, les deux éléphants s'avançaient de différents côtés, chacun d'eux monté par son Mahout. Mallur, à cause de sa défense cassée ne paraissait point aussi formidable que l'énorme adversaire noir qu'il lui fallait combattre, et qui était armé d'énormes défenses.

Dès que les deux animaux furent en présence, on les vit comme s'ils eussent compris ce qu'on attendait d'eux, élever en l'air leurs trompes et leurs queues, et s'élancer l'un sur l'autre avec rage, aussi vite qu'ils le purent, en poussant un terrible cri de défi. C'est la manière ordinaire de l'éléphant d'attaquer son ennemi.

Il élève sa trompe perpendiculairement, afin qu'on ne puisse la heurter, puis il lève la queue, et ses cris consistent en une série d'efforts gutturaux qui tiennent à la fois du rugissement d'un lion et du grognement d'un pourceau.

Mallur et son ennemi s'élancèrent avec impétuosité l'un sur l'autre. On aurait pu entendre à la distance d'un demi-mille le son de leurs grosses têtes s'entrechoquant avec violence.

Le fait peut sembler exagéré, mais il est véridique. Si le lecteur songe à la grosseur de l'éléphant, à sa pesanteur, à la puissance de sa masse doublée par la rapidité du mouvement, et enfin à l'ébranlement de deux corps semblables, arrivant simultanément l'un contre l'autre, ce récit ne le surprendra pas.

Plus d'une fois, dans de semblables circonstances, j'ai vu une ou plusieurs défenses se briser tout d'un coup, et voler en l'air, par la force du choc.

Dès que le premier coup est frappé, les deux éléphants se poussent de toute leur force l'un contre l'autre. Bouche à bouche, défense contre défense, les deux trompes toujours élevées perpendiculairement en l'air, les pieds solidement plantés sur le sol, ils se poussent et se repoussent, avancent et reculent, non pas à l'aide d'efforts résolus et continuels, mais par petits coups répétés.

Leurs têtes ne se quittent pas un instant, mais leurs dos se courbent légèrement et se redressent par des mouvements réguliers, à mesure qu'ils poussent et qu'ils avancent.

Pendant ce temps, les Mahouts ne restent pas oisifs. On les entend crier pour encourager leur éléphant, et ils s'aventurent même avec une audace frénétique jusqu'à frapper l'os frontal du pachiderme de la masse de fer dont ils se servent pour le conduire. C'est là un spectacle bien fait pour faire tenir les yeux ouverts au spectateur le plus apathique, et pour arrêter la circulation du sang dans ses veines, alors que sous vos yeux deux énormes animaux se poussent de toutes leurs forces, et que leurs deux cornacs mettent tous les moyens en œuvre pour les encourager.

Dans de semblables combats, il arrive presque toujours que le plus fort des deux adversaires remporte la victoire. On a cependant certains exemples où une grande agilité a donné au plus faible les honneurs du succès; mais de pareils faits sont rares, — plus rares peut-être dans les combats d'éléphants, que dans ceux d'autres animaux.

Mes lecteurs me demanderont enfin comme se termine le combat. Si le plus fort des deux éléphants parvient à renverser son adversaire, la mort du vaincu en est le résultat probable. Ceci arrive quelquefois à la suite d'un grand effort, et dans ce cas le plus faible a à peine assez de temps pour se sauver. Il perd à la fois l'espérance et la force, et dès qu'il se tourne maladroitement pour fuir, il se voit poussé et tombe aussitôt sur le sol.

La fin du combat est alors imminente. Le vainqueur plonge sans miséricorde ses défenses dans les flancs de son ennemi étendu sur le gazon sans espoir de secours, et la mort ne tarde pas à arriver. Si le plus faible, grâce à une grande agilité, parvient à se retourner et à s'enfuir, on assiste alors à une poursuite qui se termine tantôt par la fuite de l'agile éléphant, tantôt par des blessures mortelles produites par la trompe de l'antagoniste, et les déchirures de ses défenses sont toujours effroyables.

Mallur et son ennemi s'étaient donc rapprochés l'un de l'autre, et le roi d'Oude, le commandant en chef anglais et le Résident les regardaient attentivement du haut du balcon s'éloigner peu à peu de la rive; on n'entendait pas le moindre bruit sur le balcon royal.

A la fin, pourtant, le redoutable Mallur, malgré le désavantage de son unique défense, commença à gagner du terrain.

La jambe de devant de son adversaire s'était levée comme si celui-ci eût hésité à avancer ou à reculer, quoiqu'il s'avançât pourtant toujours courageusement et de toute sa force.

On vit bientôt que ce n'était pas pour avancer, mais bien pour reculer que sa jambe était ainsi levée. A peine était-elle posée par terre que l'autre se leva et se baissa identiquement.

Le Mahout de Mallur vit le mouvement et comprit bien ce qu'il indiquait : il poussa des acclamations plus furieuses que jamais, et vociféra des cris tout à fait diaboliques, en frappant le crâne de sa monture à l'aide de sa masse de fer, et cela d'une manière sauvage.

Mallur était un vigoureux guerrier, aussi avait-il compris sur le champ qu'une autre victoire allait bientôt être ajoutée à ses lauriers; cette conviction redoubla sa force, son Mahout et lui s'animaient de plus en plus à chaque instant.

Les combattants se trouvaient alors à quelques pas du bord du Goomty, un peu à la gauche de notre balcon. L'éléphant qui cédait du terrain se retirait pas à pas, lentement, tout en s'approchant de plus en plus de la rivière.

A la fin, il fit un saut rapide en arrière, s'arracha à l'étreinte de son adversaire, et se précipita lourdement dans la rivière. Son Mahout se tenait à la corde sur son dos, et on le vit bientôt se hisser sain et sauf sur le cou de l'éléphant, tandis que celui-ci nageait pour gagner la rive opposée.

Mallur était furieux de la fuite de son adversaire. Son Mahout voulait le contraindre à le suivre, mais l'animal ne voulut plus entrer dans l'eau. Il laissa errer autour de lui un regard exprimant une fureur terrible, et chercha un nouvel adversaire pour l'attaquer.

Son Mahout l'excitait toujours à poursuivre la victoire et lui prodiguait des coups répétés accompagnés de cris sauvages.

Il perdit enfin l'équilibre au moment où Mallur tournait sur lui-même, et il tomba par terre! Il se trouvait alors devant la bête furieuse qu'il avait eu l'imprudence de rendre de plus en plus sauvage et indomptable.

A cet instant suprême il ne nous resta aucun doute sur le sort qui lui était réservé. Nous eûmes à peine le temps de voir la chute de l'homme qui était resté couché sur le dos, les jambes écartées, l'une pliée sous lui et l'autre étendue en l'air, tandis qu'il tenait ses deux bras élevés d'une manière suppliante.

Tout à coup l'énorme pied de l'éléphant se plaça sur sa poitrine, et nous entendîmes aussitôt un horrible craquement d'os; le corps du malheureux avait été brisé et n'offrait plus à la vue qu'une masse informe.

On eut à peine le temps de jeter un cri. Voir le Mahout glisser le long du cou de l'éléphant, et tomber à terre, entendre le bruit produit par la chute de son corps sur le gazon, apercevoir le pied du pachiderme placé sur lui, et entendre les cris sinistres des spectateurs, tout cela fut l'affaire d'une minute.

Cette mort n'avait point apaisé l'animal furieux, car il maintenait toujours son pied sur la poitrine de l'homme, et avec sa trompe il saisit un bras qu'il arracha prestement du cadavre.

Un moment après il jeta bien haut ce débris informe, et le sang jaillit à mesure qu'il le faisait tourner.

Ce spectacle était horrible à voir.

Mallur s'empara encore de l'autre bras et le rompit de la même façon.

Nous étions tous terrifiés en présence du résultat imprévu du divertissement royal; mais notre épouvante et notre horreur augmentèrent encore en voyant une femme s'élancer du côté où Mallur était entré dans l'arène.

Cette femme se précipita vers l'éléphant. Elle tenait un enfant dans ses bras, et courait aussi vite que son fardeau le lui permettait. Le commandant en chef, qui était sur le balcon à côté du roi, se leva aussitôt en s'écriant :

— Sire, nous allons encore assister à une mort effroyable. Ne pourrait-on pas empêcher ce malheur?

— Je le voudrais, mais c'est la femme du Mahout, reprit le roi ; que faut-il faire?

Le Résident avait déjà donné des ordres pour que des cavaliers armés de leurs longues lances allassent entraîner l'éléphant.

L'ordre était bien donné, mais l'exécution n'était pas chose facile. On perdait un temps précieux à se concerter : il fallait, disait l'un, remonter le terrain; l'autre conseillait d'avancer avec prudence, cinq hommes d'un côté, cinq de l'autre.

Ces *Syces,* au moyen de leurs longues lances, reconduisent les éléphants en se servant du fer de leurs piques, lorsque l'animal se montre obstiné, pour piquer sa trompe qui est fort tendre. Ces cavaliers sont ordinairement très-habiles, et se tiennent prêts à s'élancer au galop au moindre indice, toutes les fois que l'animal résiste aux coups de lance et se dispose à les attaquer.

Tandis que les « Picadors » hindous se préparaient ainsi à emmener l'éléphant, la pauvre femme du Mahout, sans penser le moins du monde au danger, courait vers le meurtrier de son mari :

O Mallur! Mallur! bête cruelle et sauvage, vois ce que tu as fait, s'écria-t-elle. Grâce à ta barbarie, ma famille est éteinte, ma maison n'est plus. Tu as arraché le toit ; allons, maintenant, détruis les murailles; tu as tué mon mari, que tu aimais tant; c'est bien! prends ma vie et celle de mon fils.

A ceux qui ne connaissent pas les mœurs de l'Inde, ce langage paraîtra insensé et même ridicule.

C'est pourtant là le langage que tenait la pauvre femme éplorée, et chaque mot se burinait au fond de mon âme.

La pauvre femme se lamentait. (P. 143.)

Les Mahouts et leurs familles vivent avec les éléphants dont ils ont la garde, et ils leur parlent comme à des êtres raisonnables, leur adressant tantôt des reproches, tantôt des supplications ou des paroles empreintes de colère.

Nous nous attendions tous à voir l'animal furieux abandonner les restes mutilés du mari pour mettre en pièces la femme et l'enfant, mais quelle ne fut pas notre agréable surprise!

La rage de Mallur s'était éteinte, et il éprouvait un remords poignant de ce qu'il avait fait.

Nous le vîmes baisser les oreilles et tenir la tête inclinée vers la terre. Il retira tout à coup le pied qui cachait le cadavre informe.

La femme se précipita sur ces restes chéris et l'éléphant se tint à côté en respectant sa douleur. C'était vraiment un spectacle émouvant.

La pauvre femme se lamentait à haute voix, se tournant de temps à autre vers l'éléphant pour lui adresser des reproches, tandis que l'animal restait immobile comme s'il eût eu le sentiment de sa faute, et regardait tristement la femme de son cornac mis à mort par lui.

A deux reprises différentes, l'enfant, ignorant le danger qu'il courait lui prit la trompe pour jouer avec lui. Il n'est pas extraordinaire de voir l'enfant d'un Mahout s'ébattre entre les jambes de l'éléphant, il n'est pas extraordinaire non plus de voir l'énorme bête agiter sa trompe sur lui, enrouler ce petit corps et le porter ainsi à une petite distance pour le ramener ensuite tendrement, aussi tendrement que le ferait une mère, à la même place.

Pendant que ceci se passait, les lanciers avançaient toujours. Ils montaient tous des chevaux agiles habitués à ces sortes d'ébats; lorsqu'ils arrivèrent des deux côtés, on les vit toucher doucement la trompe de l'éléphant du bout de leurs lances, et lui indiquer ainsi la mission dont on les avait chargés.

Mallur laissa retomber ses longues oreilles et les regarda d'un air menaçant.

Il pouvait bien permettre à la femme de son Mahout de lui reprocher son crime, mais il ne voulait pas se laisser mener par les « Picadors » du roi.

On devinait facilement cette détermination dans son regard urieux.

Les soldats imprudents le touchèrent encore, et cette fois plus vivement que la première. Mallur releva alors sa trompe, fit entendre un cri de menace et s'élança sur les hommes qui étaient placés à sa gauche.

Ils s'éloignèrent tous au même instant. Leurs chevaux les emportèrent en toute hâte, tandis que Mallur les poursuivait toujours.

La fureur sauvage de l'éléphant se réveillait peu à peu, et quand la troupe qui l'avait attaqué eut disparu derrière une muraille et fut hors de sa vue, il se retourna contre les autres assaillants.

Ce fut alors à leur tour de fuir, et c'est ce qu'ils firent aussi lestement que leurs camarades, tandis que Mallur continuait à courir aussi vite qu'il pouvait.

— Que la femme rappelle Mallur, cria le roi, et il reviendra à elle.

La veuve fit ce que voulait Nussir-u-Deen, et Mallur obéit comme cela lui était sans doute arrivé bien souvent, car il revint aussi docile qu'un épagneul répondant à la voix de son maître.

— Que cette femme monte avec son enfant sur le dos de Mallur et qu'elle l'emmène, ordonna le roi.

Un moment après l'éléphant s'agenouillait à la voix de la femme, qui montait sur son dos, tandis que Mallur lui tendait d'abord le cadavre mutilé de son mari et ensuite son enfant.

La malheureuse s'assit sur son cou, à la place qu'occupait son mari, et conduisit tranquillement l'éléphant hors de l'enceinte jusqu'à son écurie.

Depuis ce jour elle devint son gardien et remplaça le Mahout : d'ailleurs Mallur ne permettait à personne de s'approcher de lui. Quand il était très-animé, aux époques où il était le plus farouche, cette femme n'avait qu'à dire un mot et il lui obéissait immédiatement.

Le touchait-elle de sa main sur sa trompe, ce geste suffisait pour calmer les plus violents éclats de sa colère.

Elle pouvait le conduire sans crainte ou sans danger pour elle-même, et tout portait à croire que son fils posséderait après elle l'autorité qu'elle avait ainsi acquise sur lui.

Après avoir raconté en détail la mort d'un Mahout, je vais décrire la fuite d'un autre que nous croyions tous perdu.

La scène se passait pendant un de ces combats d'éléphants, dans un jardin entouré d'une grille de fer. Suivant l'usage, l'assaut s'était prolongé entre les deux antagonistes.

Quand le plus faible eut cédé, il se détourna brusquement de son ennemi et courut vers l'enclos, poursuivi par le vainqueur. Le roi avait donné l'ordre de permettre au fugitif de se sauver.

Au moment où il sortait de la clôture, son Mahout tomba dans l'intérieur. L'éléphant poursuivi ne s'aperçut pas tout de suite de cette chute. Par malheur l'autre éléphant, le vainqueur, était arrivé près de la seule entrée, et il était impossible au pauvre homme de s'échapper.

Une minute ou deux s'étaient à peine écoulées que déjà l'homme était remarqué par l'animal furieux, et du moment qu'il l'aperçut, nous vîmes se dérouler tout un drame devant nos yeux.

Il était impossible de le secourir, car tout ce que je raconte se passa en quelques secondes, et l'animal s'était élancé sur le pauvre diable.

Les éléphants peuvent avoir quelque respect pour leurs propres Mahouts, mais ils ne ressentent que de l'animosité contre les Mahouts de leurs antagonistes.

Le conducteur de l'éléphant victorieux fit des efforts inutiles pour éviter à son camarade la mort qui le menaçait.

L'éléphant tenait sa trompe relevée, toute prête à attaquer ou à frapper, quand le pauvre Mahout se courba devant lui et se glissa dans un angle de la grille de fer.

L'éléphant s'élança en avant, et s'appuya de toute sa force dans le coin où était l'homme; puis à l'aide de son énorme tête, il se mit à pousser en mettant en pratique les mêmes coups violents qu'il eût employés pour se défendre, s'il eût été vis-à-vis d'un autre éléphant.

L'homme se tint immobile, protégé par la barrière de fer contre laquelle se heurtait inutilement la tête énorme du monstre; il n'éprouva point de mal, se pressa dans le coin, et se fit aussi petit que possible, tout en tenant les bras plaqués contre son corps.

Du haut de la galerie, le pauvre Mahout nous semblait brisé à en mourir, car nous ne pouvions entrevoir que le dos gigantesque et les hanches fantastiques de l'animal qui s'avançait toujours avec la trompe perpendiculaire, mais nous fûmes heureusement détrompés.

Dès que l'homme comprit qu'il était sain et sauf, il se laissa glisser pour s'asseoir. L'éléphant qui ne pouvait le voir, se persuada sans doute que peu à peu il allait écraser le Mahout, puisqu'il le sentait s'affaisser à ses pieds.

Dès que l'homme fut assis, il se fraya adroitement un chemin entre les jambes de devant de l'énorme animal et s'échappa ainsi dans l'arène.

A notre grande surprise, nous le vîmes sortir furtivement de dessous les pieds du monstre, sans avoir la plus petite blessure, sans qu'on aperçut même la trace d'une égratignure sur sa peau.

Un moment après, le Mahout s'échappait à travers une ouverture de l'enclos; et, avant que les spectateurs, suivant l'usage, eussent mis le feu à des artifices pour chasser l'éléphant, l'homme qui avait échappé par miracle à une mort certaine, se trouvait sain et seuf au milieu d'eux.

J'ajouterai, en terminant, que le plus terrible éléphant, alors même qu'il est excité par la rage, se laisse facilement intimider par des feux d'artifices allumés devant lui. Le bruit d'une fusée volante suffit pour l'arrêter au milieu du combat : il se sauve aussitôt terrifié en entendant les éclats d'un soleil ou même ceux d'un innocent paquet de pétards. Aussi, comme on peut bien se l'imaginer, les spectateurs tiennent-ils toujours des pièces d'artifices prêtes à enflammer au besoin, dès qu'il s'agit de prévenir un danger.

Cette précaution est surtout indispensable dans la saison où les éléphants sont intraitables et disposés à faire du mal.

XII. — Le Mohurrim (1).

Les Sheahs et les Soonnics. — Origine du Mohurrim. — L'Emambarra. — Lamentation d'Hassan et d'Hocein. — Le Durgah. — Dhull-Dhull. — La procession nuptiale. — La tombe. — Le lieu de sépulture. — Les funérailles. — Dispute sur la fosse au cimetière.

Rien n'est plus étrange que le contraste offert à l'étude d'un étranger par les pratiques religieuses des Musulmans qui résident aux Indes, pendant les différentes époques de l'année.

(1) A Calcutta et dans les autres villes où la population musulmane est nombreuse, les Anglais voient toujours approcher avec crainte l'époque du *Mohurrim*. C'est en effet la plus grande fête des Musulmans *Sheahs*, qui la célèbrent au milieu d'une effervescence religieuse dont rien en Europe ne saurait donner une idée.

L'assassinat d'Hocein eut lieu le 10 du mois de Mohurrim, qui correspond à notre mois d'août, et qui a donné son nom à la fête qu'on appelle aussi *Deha* ou *Achoura*, deux mots, l'un persan, l'autre arabe, qui signifient *dix*, parce que la durée de la fête est de dix jours. Elle est aussi connue sous le nom de *Khamsé* et sous celui de *l'Yd-el-Kalt* ou *Fête du Meurtre.*

Dès que les Musulmans peuvent apercevoir la lune de Mohurrim, ils cessent de prendre des bains, de s'occuper des soins de leur personne et

Le mois de Mohurrim, un des mois arabes, est l'anniversaire de la mort des deux premiers chefs « des fidèles, » proches parents de Mahomet lui-même, Hassan et Hocein, et ce carême mahométan est pour la moitié de la population musulmane de

de leur toilette; beaucoup même se couvrent de haillons, et la tristesse est empreinte sur tous les visages. On élève de tous côtés des *Tazyah* ou *Emambarras*, simulacres du tombeau d'Hocein, formés d'une charpente légère recouverte d'étoffes brillantes et de papier doré, et au-dessus desquels flottent des banderolles.

On dresse aussi à côté de chacun de ces cénotaphes une haute perche surmontée d'une main d'argent, emblême des *peupj-ten-di-pâk*, ou des cinq personnes saintes, qui sont Mahomet, Ali, Fatimah, Hassan et Hocein.

Des Mollahs récitent devant ces tombeaux des chants élégiaques consacrés à la mort d'Hocein, et s'efforcent, par leur pose et le ton lugubre de leur voix, d'exciter dans la foule des sentiments de piété et de douleur.

Les mosquées elles-mêmes sont tendues de noir, et les prêtres, du haut de la chaire, racontent d'un air consterné la mort du petit-fils du Prophète, en interrompant souvent leur discours pour pousser de profonds soupirs.

L'émotion gagne rapidement les fidèles; les larmes coulent, les gémissements retentissent; on se frappe la poitrine et on déchire ses vêtements en signe de douleur.

Mais c'est hors des mosquées, dans les représentations scéniques, qu'il faut surtout étudier les impressions de la foule. L'Inde musulmane a, comme la Perse, ses drames religieux qui offrent de fréquents rapports avec ceux qui altéraient nos pères, pendant le moyen-âge, sous le nom de mystères et de passions.

Les spectateurs y voient se dérouler sous leurs yeux toutes les circonstances de la mort tragique d'Hocein et de celle d'Ali, et les acteurs sont à chaque instant interrompus par les sanglots, les cris, les hurlements, les trépignements des spectateurs, dont l'émotion passe avec rapidité à l'enthousiasme et à la fureur.

Des bandes d'hommes représentant les uns les défenseurs d'Hocein, d'autres les soldats d'Yezid, engagent des escarmouches à la suite desquelles on a toujours à relever des blessés et des morts; car, indépendamment de l'excitation religieuse, si vive chez les Asiatiques, on a soin de distribuer à ces barbares acteurs du « Ganjah » ou mélange d'opium, d'eau de rose et de sucre brut, qui porte leurs émotions au paroxysme.

On promène aussi en procession, dans les rues, de larges bannières où sont représentées les scènes les plus émouvantes du tragique événement.

Dans la nuit du dixième au onzième jour, la procession transporte pompeusement les cénotaphes à la lueur des torches et au milieu d'un concours immense; on va les plonger dans une rivière ou dans un étang. On enterre enfin, avec de grandes cérémonies, les individus qui ont succombé dans la lutte, et qui sont regardés, en quelque sorte, comme des martyrs.

Telle est la fête du Mohurrim, accompagnée souvent de désordres qui nécessitent l'intervention de la force armée.

On comprend les inquiétudes qu'elle a toujours dû inspirer aux Anglais, particulièrement au moment des insurrections terribles dont les Musulmans ont été les véritables instigateurs. (B.-H. R.)

l'Inde, y compris la cour de Luknow, une époque de profonde humiliation et de tristes souvenirs.

En parlant de « la moitié » de la population musulmane, nous devons expliquer que de nos jours les fidèles sont partagés en deux grandes sectes, celles des Sheahs et des Soonnies, profondément antipathiques l'une à l'autre, et divisées par des préjugés invétérés.

Les Turcs sont Soonnies, les Perses Sheahs. Généralement parlant, les Musulmans de l'ouest, depuis l'Euphrate jusqu'à l'océan Atlantique, sont Soonnies, et ceux de l'est, depuis Bassora, sont Sheahs (1).

La fête du Mohurrim ne se passe presque jamais dans l'Inde, sans dispute entre les deux partis — entre ceux qui regardent la mort d'Hassan et d'Hocein comme des meurtres barbares, d'un côté, c'est-à-dire les Sheahs; et de l'autre côté, ceux qui les considèrent comme des usurpateurs légalement mis à mort par le vrai chef « des fidèles » — le kalife régnant. Ceux-ci sont les Soonnies.

Le premier jour du Mohurrim, la nombreuse population mahométane de Luknow semble tout à coup n'avoir plus aucune pensée terrestre et oublier toute affaire d'intérêts.

Les rues sont désertes; chacun s'enferme dans sa maison et se livre à la douleur avec sa famille. Le second jour, au contraire, les rues sont remplies de monde; ce sont tous des gens en deuil se promenant à travers les rues en procession funèbre jusqu'aux tombeaux placés çà et là comme des tributs de respect à la mémoire d'Hassan et d'Hocein. Ces tombeaux sont l'image des mausolées de *Kerbela* ou *Meshed* (2) élevés sur les bords de l'Euphrate, où les deux chefs étaient enterrés, et qui sont renfermés dans un *Emambarra*, appartenant à un chef, ou dans la maison de quelque riche musulman.

Le tombeau modèle ou *Taziah*, appartenant au roi d'Oude, fut construit pour le père de Sa Majesté en Angleterre; il était composé de plaques de verre vert avec des moulures d'or, et passait pour être un monument particulièrement saint et doué d'un pouvoir miraculeux.

On élève ordinairement « l'Emambarra » tout exprès pour la célébration du Mohurrim, et ce n'est point un monument exclu-

(1) En Europe, ces sectes sont plus fréquemment nommées Sonnites et Schyites. Les premières se distinguent par un turban blanc, et les secondes par un turban rouge.

(2) Ville à environ soixante milles sud-ouest de Bagdad.

sivement destiné, comme celui du roi, pour servir de dernier lieu de repos aux chefs de la famille à laquelle il appartient.

L'image de la tombe d'Hassan et d'Hocein est placée, au temps du Mohurrim, contre le mur faisant face à la Mecque, sous un dais fait, dans « l'Emambarra » royal, avec du velours vert brodé d'or.

En face, se trouve placée une chaire, faite ordinairement de la même matière que le tombeau modèle, dans laquelle le lecteur de service — le prêtre officiant, comme nous l'appellerions en France — se tient debout, le visage dans la direction de la Mecque et le dos tourné à la tombe.

Cette chaire consiste en une petite plate-forme élevée, sans balustrade, ni point d'appui d'aucune sorte, sur laquelle le lecteur s'assied, ou reste debout, à son bon plaisir et comme il le trouve plus commode.

Le nombre de lustres et de chandeliers rassemblés dans ces occasions est tel, l'éclat des lumières, le chatoiement des broderies et des dorures, la splendeur des franges d'or et d'argent, des cordons et des glands de soie qui ornent les bannières dont « l'Emambarra » est tapissé, est si admirable, toutes ces figures à longues barbes, coiffées de turbans, au teint basané et exprimant toutes une profonde douleur et une grande humiliation, sont si extraordinaires, que mistress Meer-Hassan-Ali assure dans son ouvrage que ce spectacle représente à ses yeux la vue de ces châteaux imaginaires qui s'offrent à l'imagination des lecteurs des *Mille et une Nuits*. On expose aussi sur les gradins de la tombe les emblêmes de la royauté arabe, le turban brodé, le symbole du soleil, et les armes richement décorées — comme des preuves du droit que conservent toujours les deux jeunes martyrs qui sont considérés comme les chefs des fidèles — droit nié par les hérétiques Soonniers.

Pendant tout le temps du Mohurrim, de grands cierges de cire, rouge et verte, brûlent autour de la tombe, et l'on se rassemble en grand deuil dans l'Emambarra deux fois par jour : les réunions du soir sont beaucoup plus religieuses et plus généralement suivies. C'était vraiment un beau spectacle que celui du roi, revêtu de ses riches habillements de deuil, portant sur la tête une couronne ornée d'un oiseau de paradis, et prenant place devant le lecteur. — Derrière lui s'avançait une longue procession d'indigènes marchant deux par deux, la tête baissée, l'air triste, tandis que les cierges et les chandeliers, brillamment illuminés, jetaient sur cette scène une grande lumière.

On observait avec un très-grand intérêt le calme qui régnait dans ces assemblées, calme qui n'était interrompu que par la voix du lecteur de service — généralement un favori Moluvie. — Tous les spectateurs attendaient le commencement de la lecture dans la même attitude, humble et triste, qu'ils avaient affectée en entrant dans l'enceinte sacrée.

Les lumières chatoyant sur les turbans des fidèles, la splendeur de l'intérieur de l'Emambarra, éclairé par des milliers de torchères chargées de bougies, et ces innombrables bannières, tout cela éblouissait et forçait le spectateur à fermer les yeux.

Le prédicateur faisait alors le récit de la mort des deux chefs; on voyait dans l'éclat perçant de ses yeux noirs, l'animation éclater pendant qu'il parlait. Son auditoire qui, à l'exorde de son discours, observait une tristesse solennelle et paisible, finissait peu à peu par faire éclater de bruyants sanglots de douleur.

A son tour, l'orateur gémissait tout haut en terminant cette histoire malheureuse, qui avait profondément ému ses auditeurs. Les larmes coulaient des yeux de plus d'un Musulman enseveli dans une barbe luxuriante, des sanglots et des gémissements s'échappaient de toutes les poitrines oppressées. Tout à coup un éclat inattendu se faisait entendre, et cette interruption entrait réellement dans le service, l'auditoire prononçait à haute voix, l'un après l'autre, les noms « d'Hassan et d'Hocein, » tout le monde se frappait la poitrine en mesure pendant un certain temps. D'abord ce symbole de pénitence était très-bénin, les noms sacrés s'éjaculaient à voix basse, mais ensuite l'agitation s'en mêlait, le bruit augmentait et continuait de plus fort en plus fort, jusqu'à ce que tout l'Emambarra retentît en chœur d'une perçante complainte.

Cet éclat de douleur continuait pendant environ dix minutes; on se frappait la poitrine, on répétait les noms à haute voix, toujours tout en se frappant plus fort; la voix prenait graduellement un diapason plus élevé jusqu'à ce que, à un moment donné, tout redevînt calme et silencieux, et c'est là encore un symptôme d'affliction. On eût dit qu'un drap mortuaire était tombé sur l'assemblée et la recouvrait tout entière.

L'homme a besoin de rafraîchissement après son travail, soit que ce travail ait été un voyage à travers un pays glacé par un vent piquant de l'est, en parcourant trente milles à l'heure, soit qu'il se soit égosillé à crier « Hassan et Hocein » pendant dix minutes sans interruption, en se frappant la poitrine, au milieu d'une atmosphère marquant quatre-vingt-dix degrés Fareinhet, environ trente-deux degrés centigrades.

On distribuait alors des sorbets à la ronde. Le roi et les membres de sa famille se donnaient le plaisir de fumer le hookah, tandis que les autres, le commun des martyrs, se contentaient d'un stimulant savoureux apporté dans les replis de leurs ceintures, une chique de tabac, tout simplement, qu'ils gardaient dans la bouche jusqu'à ce que l'on recommençât la lecture du service, et qu'il fût temps de renouveler les coups de la discipline, et de crier à plein gosier « Hassan et Hocein » pour prendre ensuite un autre instant de repos.

A la fin de la cérémonie, l'on chantait un chant funèbre appelé le *Moorseah;* et comme ce sont des paroles hindoues, l'hymne populaire était apprécié de tout le monde, par cette raison qu'il était compris de tous.

Lorsque le *Moorseah* était achevé, l'assemblée entière se levait, et chacun nommait simultanément et à haute voix les vrais chefs des fidèles, — les Emauns, — et tout finissait par une série de malédictions terribles adressées aux kalifes usurpateurs.

Telle est la description exacte du service qui se fait jour et nuit à l'Emambarra pendant l'époque du Mohurrim. Nussir-u-Deen observait ces fêtes religieuses avec la plus grande exactitude.

Il avait, comme je l'ai dit ailleurs, fait vœu dans son jeune âge que, si jamais il montait sur le trône, il observerait le Mohurrim pendant quarante jours, au lieu de dix, le nombre ordinaire, et il tint sa parole toute sa vie.

Pendant ces fêtes, il vivait tout à fait retiré au milieu de ses parents mâles de la religion mahométane ou avec les gens indigènes de sa suite : bien plus encore, il ne buvait pas de vin, ne donnait aucun dîner et ne se permettait aucun de ces plaisirs qu'il aimait tant, et qui passaient aux yeux de sa cour pour être tout à fait européens.

Les femmes de Nussir-u-Deen avaient aussi leur Emambarra dans l'intérieur du palais, avec cette différence que c'était une femme qui lisait le service.

Des témoins oculaires m'ont assuré qu'elles se frappaient la poitrine, en criant « Hassan et Hocein, » et l'on m'a certifié que la malédiction des kalifes était manifestée avec encore plus de force dans ces assemblées de femmes que dans celles des hommes.

Les dames émettaient les termes les plus expressifs pour rendre la souffrance et la haine en faveur des Emauns massacrés autrefois.

— Nous ne devons pas éprouver un chagrin personnel quand la famille du Prophète a seule droit à nos larmes, répondit une dame du palais à la curieuse mistress Meer-Hassan-Ali, qui désirait savoir pourquoi elle et ses compagnes semblaient oublier, pendant le Mohurrim, leurs parents et leurs enfants morts.

Ce n'est pas seulement par leurs visites à l'Emambarra et par leurs réunions pour entendre le service, que les familles sheahs expriment leur sympathie et leur peine pour les souffrances de ces chefs perdus.

Elles mettent de côté toute espèce de luxe pendant le mois de Mohurrim. Les *charpoys* les plus communs et les plus durs, ou même un simple paillasson, remplacent les luxueux coussins et les matelas bien rembourrés sur lesquels les Luknois reposent ordinairement. Leur nourriture est des plus grossières.

Les curies chauds et les savoureux pilaws sont défendus, tandis qu'un pain d'orge commun, du riz, des pois bouillis sont servis sur la table.

Les ornements les plus habituels sont mis de côté, et c'est la grande privation pour les plaisirs et la consolation des dames; car la vue des bijoux de son écrin est une des occupations les plus ordinaires et les plus agréables d'une Indienne élégante appartenant à une famille riche.

Les citoyens de Luknow croient posséder le cimier en métal de la bannière d'Hocein.

Cette relique aurait été envoyée il y a longtemps par un pauvre pèlerin de l'Ouest et passe pour la chose la plus sacrée qui soit au monde.

L'édifice dans lequel elle est renfermée est appelé le *Durgah*, et les bannières dont on se sert lors du Mohurrim y sont apportées en grand nombre et en grande pompe le cinquième jour.

Le Durgah, situé à cinq milles du palais du roi, est un magnifique bâtiment, au milieu duquel le cimier sacré est fixé en l'air sur une perche. Le tout est élevé sur une plate-forme, tapissée d'étendards et de devises emblématiques.

Le matin du cinquième jour du Mohurrim, une foule de personnes de tous les rangs et de toutes les classes sortent de Luknow pour aller visiter le Durgah. Chaque société porte sa bannière.

Les Orientaux aiment à faire parade de leurs richesses dans ces occasions solennelles. Naturellement, la procession de l'Emambarra royal était la plus belle.

Six ou huit éléphants, caparaçonnés de harnais d'argent, s'avançaient d'abord en bon ordre; les hommes qui les montaient portaient les bannières qui devaient être bénies.

Une troupe de soldats accompagnait les éléphants. On voyait ensuite venir un conducteur du deuil, portant une perche noire à laquelle étaient appendues deux épées en croix sur un arc placé sens dessus dessous.

A la suite de ce trophée s'avançaient Nussir-u-Deen, les membres mâles de sa famille et ses favoris, suivis d'un cheval de bataille, nommé Dhull-Dhull, nom que portait le cheval qu'Hocein montait quand il perdit la vie.

Un cheval arabe, d'un beau poil blanc, servait ordinairement pour cette cérémonie; ses jambes rougies avec de l'ocre, et ses flancs (*desquels sortaient des flèches en apparence enfoncées dans son corps*) rappelaient aux fidèles quelles avaient été les souffrances du cheval et du cavalier.

Un turban de forme arabe, un arc et un carquois garni de ses flèches, étaient fixés sur la selle de Dhull-Dhull, au-dessous de laquelle s'étalait un tapis richement brodé, dont l'éclat faisait ressortir la blancheur du poil sans tache de l'animal; tous les harnais étaient en or massif.

Ceux qui forment le cortége, splendidement habillés, accompagnent le cheval en portant des *chowries* (chasse-mouches) faits de crins de la queue du Yak. On voyait encore, à la suite de Dhull-Dhull, des troupes de domestiques du roi, des régiments à pied et à cheval et une foule d'oisifs et de curieux.

Les bannières, introduites dans le Durgah, sont présentées devant le cimier sacré, avec lequel on les met en contact, puis on les emporte vers l'entrée opposée pour faire place aux autres.

Cette cérémonie continue toute la journée. Toute la journée on voit arriver de nouvelles personnes venant de Luknow, les unes ayant attendu jusqu'à l'après-midi pour se mettre en route, dans l'attente d'un voyage plus agréable, les autres retardées par accident.

J'ai entendu dire dans l'Oude, qu'on y bénissait ordinairement cinquante mille bannières dans le cours d'une journée.

Dans la vie humaine, il n'y a souvent qu'un pas d'un enterrement à une noce, et, nulle part, ce pas n'est plus rapidement franchi que dans les pays orientaux.

Le Mohurrim, temps de deuil et de douleur, — de malheur, d'humiliation et de pénitence, — comprend aussi la représentation d'un mariage. Cette noce est célébrée le septième jour de jeûne, et la procession qui la précède est appelée le *Mayndich.*

Elle a lieu en mémoire du mariage de la fille favorite d'Hocein avec son cousin Kossim, le même jour qu'Hocein perdit la vie à Kerbela.

Le *Mayndich* est une grande procession de noce, qui se fait la nuit (1); celle de la ville basse se dirige vers l'Emambarra de la ville haute, tandis que celle du Nawab ou du premier ministre se déroule ordinairement dans les avenues de l'Emambarra du roi.

Lors de cette fête, l'Emambarra était vraiment décoré avec une splendeur extraordinaire, afin de recevoir dignement le magnifique et somptueux *Mayndich;* et quand les préparatifs étaient terminés, on admettait le public à contempler cette scène éclatante quoique un peu bizarre.

Des milliers de personnes encombraient le grand vestibule; les uns admiraient la collection variée de chandeliers, dont un seul contenait plus de cent cierges; les autres s'extasiaient devant les lampes coloriées, couleur d'ambre, de bleu et de vert; ceux-ci, encore, examinaient la brillante tombe des Emauns, avec ses décorations, composées d'un côté d'un énorme lion et de l'autre des armes royales, deux poissons se saluant et se respectant (*comme les deux hérauts des blasons*). Ce qui nous surprenait le plus, c'étaient les drapeaux brodés, les imitations en argent des portes de la Mecque, de la tente d'Hocein et des tombeaux de Kerbela.

Tout cela, placé sur des tables d'argent, donnait ample matière à penser et laissait le champ de l'imagination libre aux calculateurs.

La variété des armes et des armures suspendues autour des murailles attirait aussi l'attention des guerriers.

Ces décorations étaient plutôt brillantes et éclatantes que de bon goût, aussi n'excitaient-elles pas tant d'admiration pour la beauté de cette scène que d'étonnement à cause de tout cet étalage.

A l'extérieur de l'Emambarra, des décharges de mousquets annoncent l'approche de la procession de la noce, ou bien de l'enterrement, car ces deux cérémonies s'accomplissent le même jour, et sont toujours célébrées à la fois, Kossim ayant été enterré le jour de son mariage.

Un feu de file vient d'être exécuté, les envoyés du roi entrent en grand nombre pour débarrasser le vestibule. Ils connaissent

(1) Le *Mayndich* est l'accompagnement ordinaire du mariage dans l'Est, il se rapporte à la parabole des dix vierges.

les devoirs de leurs fonctions : ils savent ce qu'on attend d'eux, et pendant ce temps-là, le peuple témoigne son impatience en réclamant le spectacle qui lui est promis.

Chacun se contente de s'agiter et de se pousser doucement. Tous les curieux n'ont pas encore joui du plaisir de la vue, et c'est à qui poussera le plus pour être le mieux placé.

Comment les agents de police de Paris et de Londres s'y prendraient-ils pour faire vider la place à ces Musulmans à l'air cruel, à la longue barbe et à la ceinture chargée d'armes? Je ne saurais le dire, mais ce qu'il y a de certain, c'est que les messagers du roi et ses péons ont une manière d'agir très-brève et fort sommaire.

Ils annoncent à trois différentes reprises et à haute et intelligible voix que la place doit être évacuée, et quoique des centaines de personnes soient rassemblées autour des tombes et devant les statues d'argent, que les oisifs contemplent toujours les lumières éclatantes, les « Cawass » n'en continuent pas moins à presser sans délai le départ des retardataires.

On les voit agiter en l'air les bambous dont ils se servent pour châtier les rebelles, et les fouets de cuir à pointes de fer, et puis les coups résonnent sur le dos des curieux retardataires ; ce sont souvent des coups bien forts, qui prouvent qu'on ne plaisante pas, et alors ceux qui en ont reçu les atteintes se dispersent tout en murmurant.

Et pourtant il n'y a personne qui résiste, les messagers et les « Cawass » ont le droit d'en agir ainsi ; cette flagellation est le *dustoor* (*autrement dit, la coutume*), donc on a le droit de la mettre en pratique.

De temps en temps un coup de fouet plus fort que d'habitude fait faire une grimace à ces hommes barbus, ce qui n'empêche pas les gens armés de bâtons d'agiter toujours leurs sticks ou leurs fouets, et de regarder en face ceux qu'ils ont meurtris. Singes, chiens, porcs même (épithète infamante à l'oreille du Musulman), tels sont les noms dont ces gens-là s'appellent dans leur colère, et tout en s'exprimant ainsi, ils se dirigent vers la porte, se contentant de récriminer à haute voix, au sujet de cette violence, en frottant la partie atteinte par le bâton et en agitant fortement leur barbe, ce qui est un signe de reproche.

Jamais, pourtant, aucun d'entre eux ne répond par des coups, et jamais il n'arrive aucune fâcheuse répartie de la main ou du poignard. L'habitude a donné force de loi au fait, et l'habitude et le droit sont synonymes sur les rives de l'Indus.

Tout est prêt maintenant pour la procession du mariage ; les assistants se sont approchés peu à peu, l'Emambarra est redevenu silencieux.

Les portes par lesquelles le peuple est sorti sont fermées, et l'on ouvre le grand carré de devant qui est brillamment illuminé.

Les éléphants et les chevaux sont seuls restés dehors; mais la foule des soldats, des porteurs de présents et des musiciens remplit presque le vaste quadrilatère, à tel point que le pavé, recouvert d'une admirable mosaïque, se trouve entièrement caché.

Voici venir, à travers les rangs des soldats, qui défilent à droite et à gauche, les riches présents de la noce; on voit s'avancer ensuite des serviteurs splendidement habillés qui portent des plateaux chargés de confitures, de fruits secs, de petites corbeilles de fleurs et des guirlandes de jasmin, tandis que d'autres allument des feux d'artifice chaque fois que quelque nouvel arrivant passe sous la porte.

Une voiture couverte, celle des mariés, dont l'extérieur est plaqué en argent, comme c'est l'usage dans les plus grandes familles nobles, vient à la suite des présents de noce, traînée par des domestiques en riche livrée, portant des torches de cire; après eux, accourent les musiciens, accompagnés de porteurs d'autres torches; et la procession entrant dans l'Emambarra, accueillie par des cris de joie, fait le tour de la grande salle.

Les présents s'amoncellent devant l'image de la tombe sacrée, et doivent rester là jusqu'à ce qu'ils soient portés, quelques jours après, à l'endroit de l'enterrement.

A peine la procession de noce a-t-elle passé dans l'Emambarra, qu'on voit s'approcher une autre troupe : ceux qui la composent ont l'air affligé et portent des vêtements de deuil. Le mariage et la mort ayant eu lieu le même jour, les tristes funérailles suivent les fêtes du *Mayndich*.

Le modèle de la tombe de Kossim, placé sur un brancard, est porté par les gens de la suite, suivi par une procession de pleureurs et de pleureuses.

Quelquefois même un cheval, dressé à cet usage, accompagne le cortége; il remplace le cheval de Kossim, et porte son turban doré, son cimeterre, son arc et ses flèches, tandis qu'au-dessus de sa croupe on tient un parasol royal, emblême de la souveraineté, et un *aftabah* (personnification du soleil) (1) richement

(1) C'est une imitation brodée en or sur velours cramoisi; les deux côtés de ce soleil sont semblables, et on les fixe sur un cadre rond qui est porté en l'air sur un bâton d'or ou d'argent.

sculpté. Le cheval, alors qu'on l'admet dans l'intérieur, est naturellement une bête sur laquelle on peut compter; il fait le tour de la grande salle d'un pas solennel et assuré, tout à fait convenable pour cette occasion.

Nous avons raconté au long ce qui se passe au dedans où le service ordinaire succède aux processions; mais il y a une partie de la cérémonie qui continue en dehors de la cour, et cette fête est bien plus du goût de la populace que la tristesse et l'angoisse si bien jouées par les principaux acteurs de cette scène funèbre.

Au dehors de la cour — sur la place qui peut être souillée impunément — une foule de tout âge et des deux sexes se trouve rassemblée; chacun presse avec force son voisin; on s'y amuse, on y rit, on y crie et l'on se critique, comme c'est l'usage dans toutes les foules.

Chacun attend la distribution de l'argent qui se fait toujours à une noce : c'est là un des incidents de la fête qui n'est jamais oublié à l'occasion du *Mayndich* commémoratif du mariage de Kossim avec la fille d'Hocein.

De petites pièces d'argent volent bientôt à droite et à gauche, grâce aux soins des officiers chargés de cette distribution, et cela se fait avec une si grande prodigalité, qu'un Européen en éprouve de l'étonnement. Dans la religion musulmane, c'est un devoir d'être libéral à certaine époque de l'année, et un vrai croyant se met rarement en peine de la dépense.

On raconte à Luknow que l'un de ces Mohurrims coûta à un des Nawabs régnant plus de trois cent mille livres. Ces processions coûteuses, ce luxe de harnais, ces munificences envers les pauvres, ce fol étalage d'habillements et d'équipages dispendieux dont on ne se servait plus ensuite, ne durent donc pas nous étonner.

La richesse de la population mahométane dans l'Inde, peut être facilement évaluée lorsqu'on assiste à un Mohurrim. Si tout ce deuil coûteux, ces broderies sans pareilles, ce luxe de dorure et d'argenterie était conservé d'année en année pour servir à chaque Mohurrim suivant, la dépense serait bien moindre; mais il n'en est pas ainsi : on ne doit employer à aucun autre usage ce dont on s'est servi une fois.

Tout est distribué aux pauvres et aux nécessiteux à la fin du jeûne, de sorte que la populace est toujours encouragée à célébrer la mémoire du Mohurrim avec autant de magnificence que possible.

Encore quelques mots sur ces fêtes de la tristesse et du désespoir. Tous ces services aux Emambarras — toutes ces consécrations de bannières, tout cet étalage de processions de noces et de funérailles ne sont que les préliminaires du déploiement final d'une cérémonie bien plus imposante encore.

Les Emauns sont morts. — Leur fin glorieuse a seule été célébrée jusqu'ici — nous voulons parler de la mort d'Hassan et d'Hocein. Il s'agit de célébrer maintenant leurs funérailles et leur enterrement, et pour ces funérailles on a fait de grands préparatifs, tandis que pour l'enterrement, on s'est procuré dans chaque famille, et cela depuis des siècles, un terrain au Kerbela.

Ces terrains sont tous à une grande distance des murs de la ville, et dès le point du jour la populace s'avance par milliers pour assister ou pour prendre part aux différentes cérémonies qui accompagnent la sépulture des tombes modèles, et pour voir les aliments et les autres objets que l'on place toujours dans une tombe musulmane.

Autrefois les funérailles d'Hocein étaient un spectacle militaire, et l'on s'efforçait de donner un caractère guerrier à cette exhibition.

Les bannières sont déployées au vent, les musiciens s'escriment de leur mieux, on fait partir des « malchloks, » on tire des coups de fusil et de pistolet, les boucliers s'entre-choquent, et il ne manque à la fête aucun de ces bruits qui caractérisent ordinairement les représentations militaires.

Le pauvre, aidé de tous ses amis, attaque l'arrière-garde du cortége des gens riches, avec l'intention d'avancer plus vite par ce moyen, car la foule est compacte, et les petites troupes éprouvent une grande difficulté à se frayer un passage.

Et d'ailleurs, il se pourrait que quelques-uns de ces hérétiques Soonnies attendissent secrètement l'occasion d'attaquer ou d'interrompre la cérémonie; car ces misérables incrédules considèrent cette fête comme un acte de folie et une impiété.

Chaque procession s'avance dans le même ordre : ce sont d'abord les bannières consacrées, attachées sur de longues perches et portées par des hommes hissés sur le howdah d'un éléphant; à chaque grande manifestation, on voit deux ou trois ou même dix éléphants.

Vient ensuite une troupe de musiciens exécutant des marches funèbres sur leurs instruments, d'après l'usage prescrit par le rite. Ces musiciens suivent les éléphants.

Partout où passe cette musique, partout où la procession s'aventure, où la foule se presse contre la foule, où chacun s'ébat avec ses amis, on doit bien penser que les oreilles sont assourdies par des bruits étranges et peu harmonieux.

Celui qui porte les épées aux deux lames brillantes suspendues en l'air sur un bâton noir, au-dessous d'un arc renversé, fixé à l'extrémité de la perche, marche à la suite de la troupe.

Cet homme est soutenu par deux individus marchant à ses côtés, qui portent aussi en l'air des bâtons noirs auxquels sont attachées de longues banderolles de soie noire écrue.

Le cheval — Dhull-Dhull — passe tout après ces personnages, et s'avance comme à la première consécration des bannières, suivi d'un grand nombre de serviteurs.

Deux palefreniers le tiennent de chaque côté par la bride; un officier marche devant lui, tenant dans ses mains le symbole du soleil; un autre porte le parasol royal au-dessus de sa tête. Ils sont suivis de gens portant des bâtons dorés et argentés, tandis que des coureurs les entourent et agitent sur leurs têtes de petites bannières triangulaires.

La cotte de mailles, le turban brodé d'or, l'épée et le ceinturon, sont fixés sur la selle de Dhull-Dhull, et bien souvent le maître de l'animal marche après le coursier, en tête de la procession, comme s'il conduisait le deuil.

Chacun de nos lecteurs sait bien qu'une promenade de quelques milles faite au milieu d'une foule mouvante, n'est en aucune façon un voyage agréable.

La procession s'avance toujours; voici les porteurs d'encens qui font brûler la résine parfumée dans des vases d'or et d'argent, suspendus à des chaînes du même métal et mis en mouvement pendant la marche, comme les encensoirs dans nos églises par les enfants de chœur.

La résine, *lahbaun*, d'une odeur très-agréable, qui est brûlée en cette occasion, est probablement cet encens dont il est si souvent parlé dans la Bible.

Le lecteur du service funèbre s'avance à pas mesurés, accompagné ordinairement par le possesseur de la tombe modèle et par ses amis.

Ceux qui suivent cette triste procession sont toujours nu-pieds et souvent sans turban. Il n'est pas extraordinaire de voir leurs têtes couvertes de cendres et de poussière, — ce qui est la plus grande marque d'une profonde douleur.

On porte derrière le lecteur la tombe modèle ou *taziah*, sous un dais de drap ou de velours vert, brodé d'or ou d'argent. Dans les plus magnifiques processions, cet objet sacré est placé sous un dais élevé sur des perches et porté par plusieurs hommes marchant sur les côtés.

Viennent ensuite le modèle de la tombe de Kossim, la voiture couverte de sa femme, les plateaux chargés des présents de noce, y compris tous les autres accessoires de la procession du mariage qui suivent en ordre; et enfin, les chameaux et les éléphants portant la tente et les équipages guerriers d'Hocein, quand il partit de Médine pour se rendre à Kerbela.

Tels sont les emblêmes nécessaires pour une procession hindoue; mais il faut encore y ajouter ce que la charité orientale réclame toujours, c'est-à-dire une suite d'éléphants, aux *howdahs* remplis de domestiques de confiance, qui distribuent du pain et de l'argent aux pauvres.

Les dames musulmanes sont d'avis que le pain distribué de cette manière possède certaines vertus particulières que n'a pas le pain ordinaire.

Elles donnent toujours commission à leurs domestiques de leur en procurer un morceau, quoiqu'elles puissent en distribuer elles-mêmes, ou en faire distribuer en grande quantité.

Ce pain passe pour être saint, béni et privilégié, lorsqu'il est distribué à l'époque solennelle du Mohurrim.

Tout le long du chemin, à mesure que les différentes processions s'avancent à la suite les unes des autres, la foule décharge des fusils, des pistolets, des carabines et des pierriers, tout en poussant par intervalle le cri lamentable de Hassan! Hocein! sur toutes les notes d'une gamme ascendante.

La cérémonie ordinaire de l'enterrement est achevée, lorsque la procession arrive à l'endroit indiqué, c'est-à-dire sur le terrain *fac-simile* de la campagne de Kerbela.

La tombe modèle, avec tous ses accessoires de plateaux, de présents de noce, de fruits, de fleurs et d'encens, est confié à la terre, et placé dans un monument qui a été préparé à l'avance dans ce but.

C'est à ce moment de la cérémonie que l'animosité longtemps comprimée entre les Sheahs et les Soonnies éclate ordinairement, et ce simulacre d'enterrement devient souvent le prétexte de massacres et de coups mortels entre les factions rivales.

Il est bon de rappeler, avant de finir ce chapitre, que ce jeûne du Mohurrim est tout à fait différent de celui du Ramadan.

Le Ramadan est une fête qui dure trente jours, pendant laquelle tous les « fidèles » s'abstiennent de manger, de boire et de fumer entre le lever et le coucher du soleil, et il est observé par toutes les classes de mahométans, par le Musulman indien sur les bords du Gange, comme par les Maures africains sur le littoral de l'Atlantique.

Le Mohurrim, au contraire, est une fête toute particulière aux Sheahs, et sa célébration ne dure vraiment que dix jours.

Les plus dévots d'entre les Sheahs le prolongent pendant quarante, comme les fidèles zélés de l'autre secte, jeûnent pendant le mois qui précède et celui qui suit le Ramadan.

J'ai déjà fait remarquer que, dans ces occasions, nous autres officiers de Nussir-u-Deen, nous voyions rarement le roi seul. Il donnait audience chaque matin, suivant son habitude, tandis que nous étions de service; mais il était souvent interrompu dans ses travaux, et toutes les affaires étaient suspendues.

Lorsque nous réclamions une audience de Sa Majesté, pour lui parler d'une chose importante, ce qui arrivait rarement, nous pouvions seulement causer avec elle pendant sa toilette, lorsqu'elle était entre les mains de son Européen favori qui la coiffait de son mieux.

Une fois, le barbier, par un de ces caprices insensés que son pouvoir despotique et son audace avaient rendus fréquents dans son caractère, suivit l'Emambarra pendant le Mohurrim, dans son costume ordinaire d'Européen, en tenant son chapeau noir à la main.

Cette action causa un grand scandale parmi les Musulmans, et les vieillards respectables du pays s'en émurent.

Nous tous, Européens de la cour royale de Luknow, nous ctions prêts à condamner une telle conduite, et nous étions disposés à conseiller à Nussir-u-Deen de ne point céder aux fanta sies dangereuses de son favori.

C'était notre devoir, comme conseillers ordinaires du roi, de le prémunir contre cette coupable faiblesse; mais l'avis fut rejeté comme inopportun. Je crois même qu'aux yeux du Résident, nous passions pour être les instigateurs des caprices du souverain et des folies de son coiffeur.

Le Résident connaissait aussi bien que nous tout ce qui se passait au palais dans ces occasions publiques; mais il ignorait si ces escapades étaient un fait du caprice du roi, ou la conséquence des insinuations de ses « favoris. » Je pense même qu'il penchait pour ce dernier avis; et la *Revue de Calcutta*, comme les autres journaux périodiques de l'Inde, ont accusé injustement les Européens attachés à la cour de Nussir-u-Deen, d'être les instigateurs de toutes ces extravagances que nous eussions empêchées si cela avait été en notre pouvoir; extravagances que, d'ailleurs, nous condamnions souvent avec autant de violence que nos calomniateurs eux-mêmes.

XIII. — La disgrâce du barbier de Nussir-u-Deen.

Nouveaux exploits du barbier. — Les oncles du roi. — Manière dont le roi traitait ses parents. — Cruauté de Nussir-u-Deen. — Notre indignation. — Abandon de la table royale. — Le barbier quitte Luknow pour se rendre à Calcutta. — Bonne résolution du roi. — Retour du barbier et triomphe de cet aventurier. — Notre démission.

Il ne sera pas long de raconter à nos lecteurs pour quelle cause mon départ de la cour de Luknow et celui d'un autre officier de la maison de Nussir-u-Deen fut résolu et accompli d'une manière irrévocable.

Chaque jour l'influence du barbier royal devenait plus grande et plus fatigante pour ceux qui s'approchaient de lui. Il était évident que l'ex-coiffeur du Résident anglais régnait en souverain et était devenu le véritable maître d'Oude.

Le Résident lui-même dut être averti de cet état de choses. Tous ceux qui habitaient Luknow avaient fini par savoir que quiconque voulait obtenir la faveur de Nussir-u-Deen, devait, avant toute chose, mériter les bonnes grâces du barbier.

Cet ascendant du Figaro de Luknow sur son maître avait eu différentes causes, parmi lesquelles je citerai les encouragements que cet homme avait donnés au roi pour tous les goûts dépravés de ce monarque accoutumé à faire toutes ses volontés.

D'ailleurs, il était de son intérêt d'en agir ainsi. Il s'était rendu indispensable à son souverain, et tout en ayant l'air d'obéir aux fantaisies royales, il était évident qu'il n'en faisait jamais qu'à sa volonté, et qu'il menait Nussir-u-Deen par le bout du nez. Il ne se buvait pas dans le palais une seule bouteille de vin ou de bière qui ne lui rapportât quelque chose, et l'on comprendra qu'il était de son intérêt d'empêcher le roi de revenir aux préceptes du père Mathews et d'abandonner ses goûts à l'ivrognerie.

Tout esclave favori, toute personne remarquée par Nussir-u-Deen devait, pour être soutenue, rétribuer de sa bourse et de ses profits le bon vouloir du maudit barbier.

Le Nawab lui-même, qui commandait l'armée d'Oude, avait trouvé prudent de se concilier par de riches présents l'affection de ce favori suprême.

Aussi ce personnage nauséabond se croyait-il parfaitement assuré de la faveur royale de son maître, et se livrait-il à des abus sans nombre.

Nous tous, qui faisions partie de la maison de Nussir-u-Deen, nous nous apercevions des honteuses concussions du barbier, et nous souhaitions y voir mettre un terme.

A vrai dire pourtant, nous avions beau nous consulter, il nous était impossible de trouver le bon moyen pour réussir.

L'un des officiers qui croyait avoir le plus de pouvoir sur le souverain, osa, un jour, faire à Nussir-u-Deen, des remontrances sur l'état d'ivresse dans lequel il se mettait tous les jours.

Le roi jura de se corriger ; en effet, il cuva son vin, reprit ses sens pour quelques heures, mais le soir même il était plus ivre que jamais.

Il était donc évident pour nous que le barbier, au lieu de perdre son pouvoir le voyait tous les jours augmenter.

J'ai déjà raconté précédemment l'inimitié que le roi montrait contre ses oncles. Il n'avait jamais oublié qu'eux et son père avaient conspiré contre lui pour l'empêcher de porter la couronne (*Musnud*) de Luknow.

Quand, par hasard, il invitait un de ses parents à sa table, c'était dans le but de l'enivrer et de l'insulter ensuite. Ce que je vais narrer à ce sujet paraîtra peut-être incroyable, mais rien pourtant n'est plus véridique. Celui qui, comme moi, a assisté à de pareilles scènes, ne peut jamais les oublier, et je prie mes lecteurs de croire que je n'invente rien.

L'un de ces vieillards, oncles du roi, avait été invité à un dîner somptueux. On lui versait constamment à boire, et on l'excitait surtout à vider son verre. Le barbier s'aperçut du plaisir qu'avait Nussir-u-Deen à voir l'état d'ivresse de son parent, ivresse dans laquelle Sa Majesté se plongeait elle-même.

— Si nous organisions une danse écossaise? suggéra « le professeur de la brosse à cheveux et du peigne. » Je prendrais Saadut pour partenaire.

Saadut était l'oncle du roi, et ce dernier se montra enchanté de l'idée de son favori.

— Parfait! parfait! s'écria-t-il, tout en repoussant son fauteuil et en se levant. Parfait! mon fidèle Khan va danser avec mon oncle.

Au même instant, tout fut en mouvement dans la salle du repas. Les bayadères continuèrent leurs danses à l'extrémité de l'appartement, tandis que Nussir-u-Deen faisait semblant de manger, tout en surveillant les pas du barbier et ceux de son oncle. Le malheureux vieillard tournait comme une toupie dans les bras de son ennemi, qui ne le lâcha que quand il le vit sur le point de tomber à terre. Le souverain de Luknow riait à chaudes larmes; ce qui redoubla sa joie, ce fut de voir son favori pendant un des sauts de sa danse improvisée, faire tomber le turban de son vieil oncle.

Les indigènes d'Oude considèrent, comme nous l'avons dit, la perte de leur couvre-chef comme une insulte des plus graves.

Quoique pris de vin, le pauvre vieillard n'en ressentit pas moins l'insulte qu'on lui avait faite, et il porta la main à sa ceinture pour y chercher son poignard.

Mais le barbier avait prévu ce mouvement et s'était emparé de l'arme avant qu'il eût pu la retirer du fourreau.

Il lui arracha ensuite, pièce à pièce, sa ceinture, son châle et sa houppelande brodée d'or. Deux d'entre nous crurent convenable de prendre le parti de cet homme, mais le roi nous manifesta sa colère et trouva fort mauvais qu'on se mêlât de cette affaire.

— Arrière, gentlemen, arrière! N'interrompez pas notre plaisir royal, ou bien, je vous le jure, il vous arrivera malheur, s'écria Nussir-u-Deen, emporté par l'ivresse, et ne pouvant s'empêcher de montrer sa joie en voyant ainsi outrager son oncle par son favori.

Quelques instants après cette menace, le vieillard à barbe blanche se trouvait debout au milieu de l'appartement, exposé à la risée du roi, du barbier et de ses domestiques.

Nussir-u-Deen ordonna qu'on lui jetât de l'eau froide sur le corps : il le fit aussi fouetter ensuite, avec une sorte de douceur, il est vrai, mais avec une intention railleuse.

C'était un spectacle lamentable de voir ce malheureux se couvrir le visage à l'aide de ses deux mains, et verser des larmes malgré son ivresse, car il avait le sentiment de l'injure qui lui était faite.

— Comment pouviez-vous rester assis et assister au spectacle d'une pareille infamie? s'écriera le lecteur.

Nous fîmes à différentes reprises de vaines tentatives pour arracher cet homme à ce supplice moral et physique; mais Nussir-u-Deen menaçait bien plus encore; il ordonnait à des soldats de se tenir près de nous pour empêcher aucun acte d'insubordination.

A la fin pourtant, il nous fut impossible d'assister plus longtemps à cet horrible supplice : nous quittâmes la salle en saluant à peine le roi.

Du reste, Sa Majesté n'était pas non plus disposée à faire échange de politesse avec nous, car notre intervention l'avait fort contrariée.

Nous apprîmes plus tard ce qui était arrivé après notre départ. Le roi avait forcé le vieillard à danser devant lui avec le barbier pour partenaire ; et pendant ce temps-là, tous les serviteurs s'étaient rassemblés pour jouir de l'humiliation du vieil oncle de Sa Majesté. Cette cruelle réjouissance continua jusqu'au moment où le roi se trouva tellement ivre, qu'il ne sut plus ce dont il s'agissait. Alors seulement le vieillard fut laissé en liberté.

Dans les royaumes hindous, et particulièrement à Oude, le souverain est tout-puissant. Ses parents les plus proches n'ont pas plus d'influence que le dernier des esclaves.

L'homme qui plaît au roi par une chanson, obtient plus d'honneur et de respect que la mère ou le frère de Sa Majesté.

Maître absolu, comme l'est le souverain, de la vie ou de la mort de ses sujets, il est toujours dangereux de lui résister, car ceux qu'il fait souffrir voient ainsi leur châtiment redoubler. Un caprice du roi peut prolonger le plus léger châtiment jusqu'à ce que mort s'ensuive, si l'on excite la colère royale, et surtout si cette intervention est le fait d'un Européen.

Et cela se comprend facilement, car le roi, ne pouvant se venger de l'étranger, fait retomber sa rage sur l'indigène. Lorsque Buktawir-Singh fut à la veille d'être décapité pour sa plaisanterie inopportune, comme je l'ai raconté dans un des chapitres précédents, la seule crainte qu'il éprouva fut de nous voir nous mêler de son affaire.

— Si cela vous était arrivé, nous disait-il plus tard, nul pouvoir au monde n'aurait pu me sauver la vie.

J'ai raconté le traitement que Nussir-u-Deen avait fait subir à son oncle Saadut ; ces actes de cruauté se renouvelaient malheureusement quelquefois et nous avions cherché à faire comprendre à Nussir-u-Deen qu'ils soulevaient chez nous du dégoût ; mais peu lui importait que notre opinion fut oui ou non en sa faveur.

Une autre fois ce qui se passa fut cent fois plus horrible.

Un autre oncle du roi, nommé Asaph, plus malade et plus âgé que Saadut, fut invité à assister au dîner royal.

Nous nous étions réunis dans l'antichambre pour attendre les eux puissances de la cour de Luknow, le roi et son favori le barbier. Asaph était avec nous : il me prit à part et me dit à voix basse, de manière à n'être entendu que de moi :

— Que me veut donc Sa Majesté?

— Vous faire dîner avec elle, répondis-je.

— Mais, juste ciel ! je suis vieux, mes yeux sont chassieux, mes cheveux grisonnent, et je ne suis pas digne d'assister aux ébats de mon royal neveu, qui est jeune et fou de plaisir. Lorsqu'il invite l'un de nous, c'est qu'il veut lui faire quelque avanie.

Le malheureux vieillard exprimait ses sentiments avec tant d'éloquence dans cette douce langue hindoustane, que sa douleur me fit de la peine.

— Ne craignez rien, répondis-je, Sa Majesté a l'autre jour traité votre fils avec la plus grande courtoisie.

— Mon fils ne régnait pas sur l'Oude, à l'époque où mourut le père de Nussir-u-Deen et quand Ghazi-u-Deen nous fit promettre, à la suite des événements, de nous opposer à l'élévation de son fils. Nussir-u-Deen n'a point de haine contre mon enfant; qu'il veuille nous laisser vivre en paix dans notre maison, c'est là tout ce que je demande. N'a-t-il point, pour le rendre heureux, la ville de Luknow, contenant d'immenses richesses?

Le roi s'avançait, pendant ce temps-là, le bras appuyé sur celui de son favori, et il nous adressa un salut, au moment où il passa près de nous, avec une grâce, une aisance et une dignité toute particulière. Nous le vîmes fixer son œil noir sur Asaph et sur moi, au moment où il passa à nos côtés.

— Salut, oncle Asaph, fit-il, en tendant la main à son parent, vous manquez à notre table.

— Un sourire de Votre Majesté suffit pour faire rayonner vos esclaves, répliqua le vieux prince.

— Laissez-moi vous conduire, Asaph, ajouta-t-il tout en marchant et en visitant chaque coin.

Nous le suivîmes : tout se passa comme à l'ordinaire. Le roi s'assit sur un fauteuil élevé, à l'une des extrémités de la table. Quant à nous, nous prîmes place, suivant l'usage, à droite et à gauche.

Asaph avait été placé vis-à-vis du roi, et personne ne jouissait de la même faveur.

Lorsque Nussir-u-Deen invitait un Hindou, celui-ci s'asseyait toujours à la même place où Asaph se trouvait alors, c'est-à-dire vis-à-vis de la Majesté de Luknow.

On apporta une bouteille de vin de Madère et on la plaça devant Asaph. Puis ensuite on servit le potage, le poisson et les viandes plus substantielles.

Le roi but et invita Asaph à goûter du même vin; celui-ci voyant le roi porter les lèvres au liquide qu'on lui offrait se trouva tout à coup rassuré, il prit même un certain plaisir à déguster le jus de la grappe et passa sa langue sur sa moustache grise.

— Ne buvez-vous donc pas un verre de vin avec mon oncle? dit le roi, en s'adressant à l'un de nous, puis successivement à nous tous, l'un après l'autre. Asaph porta toutes les santés et avala autant de verres de vin : on voyait même qu'il y prenait un certain plaisir. Mais au sixième toast, il replaça son verre à moitié vide sur la table. Nussir-u-Deen remarqua ce procédé inusité et fronça les sourcils.

—Eh quoi! le vin que l'on vous a donné n'est-il pas bon, mon cher oncle? fit-il en s'adressant au vieillard.

Asaph le déclara parfait et se vit obligé de vider le restant du contenu de son verre.

Le dîner continuait toujours, et l'on plaça enfin le dessert sur la table. Avec ce dernier service vinrent les pièces ordinaires, c'est-à-dire les libations pantagruéliques et les cris effrénés des buveurs. Chose inusitée, le roi seul se modérait et paraissait ne pas perdre de vue son oncle bien-aimé.

La bouteille de vin de Madère, placée au commencement du repas devant le vieil Asaph, semblait être presque vide.

— Ne voyez-vous pas, mon cher, que mon oncle n'a plus de vin! s'écria le roi en s'adressant au barbier : allons, allons, vite une autre bouteille.

Le maître royal avait adressé certain coup d'œil significatif à son favori, qui se leva de table pour obéir. Asaph déclara inutilement à son royal neveu, qu'il ne voulait plus boire, et il frotta sa moustache plus fort que jamais.

Déjà il se sentait mal à son aise et l'on voyait, à l'éclat de ses yeux, qu'il avait bu trop de vin.

Les domestiques se pressaient autour de la table, et, quand le barbier revint, en portant une certaine bouteille cachetée, je compris bien qu'il y avait quelque infamie sous jeu et je sus plus tard, par un indigène qui avait aidé le barbier, que le liquide contenu dans le verre était un mélange de Madère et d'eau-de-vie.

Le roi porta différentes santés :

« A son frère, le roi d'Angleterre! »

Puis :

« Au gouverneur général des Indes, son ami! »

Et il se montrait fort excité. Asaph, forcé de boire et de vider son verre « rub's sur l'ongle, » perdit bientôt toute raison.

Il restait hébété dans son fauteuil, balançant sa tête à droite et à gauche, comme un vrai Magot de la Chine, et faisant de vains efforts pour tenir ses yeux ouverts. Au quatrième toast, il était tout à fait ivre.

Nussir-u-Deen paraissait enchanté, et poussa même le cynisme jusqu'à faire à son favori quelque plaisante allusion sur l'ivresse de son oncle, dont la tête n'était pas solide sur ses épaules.

— Il faudrait lui friser ses moustaches, répondit le barbier qui se leva à moitié de son siége.

— C'est cela, mon cher Khan! Allons, à l'œuvre! relevez-moi ces poils blancs avec votre fer, s'écria le roi en éclatant de rire.

Le barbier alla droit à Asaph, s'empara de sa moustache et la tira avec force en la frisant avec ses doigts; puis, sans lâcher la barbe, il fit tourner à plusieurs reprises la tête du vieillard. C'était là un manque d'égards barbare et offensant pour tout Hindou, à quelque caste qu'il appartînt; mais pour ce noble et respectable vieillard, aux cheveux blanchis par l'âge, l'insulte était bien plus grave.

Nous nous récriâmes tous à la fois; mais Nussir-u-Deen, se tournant vers nous avec fureur, s'écria :

— Le premier qui me quitte est un homme mort! — Mon oncle est un être ignoble, et je permets au Khan de lui faire ce qu'il voudra.

Répondre eût été de la folie; bien plus encore, le malheureux vieillard eût pu s'en trouver mal.

Asaph continuait toujours à remuer machinalement la tête; seulement il avait ouvert les yeux outre mesure quand le barbier lui avait tiré la moustache; mais une fois le contact des doigts de son bourreau passé, il était retombé dans sa stupeur.

L'ivresse avait anéanti toute son intelligence. Le roi parut un moment ne faire attention qu'au vin qu'il dégustait avec passion, et cependant ses yeux paraissaient être toujours furieux et il continuait à froncer les sourcils.

La tête du vieillard, qui remuait toujours, parut enfin empêcher le roi de voir à son aise la danse des almées.

— Damnation! s'écria-t-il avec fureur, voilà une tête qu'il faudrait rendre immobile.

A ces mots le barbier s'était levé; il s'empara d'un peloton de ficelle, et nous le vîmes s'avancer du côté d'Asaph.

Il coupa la ficelle en plusieurs morceaux, et prenant les deux extrémités de la longue moustache du vieillard, il les noua de son mieux.

Nous nous demandions tous ce qui allait se passer.

Nussir-u-Deen paraissait enchanté. La nouveauté de la chose lui plaisait fort.

« Un homme qui n'eût pas été accoutumé à manier le rasoir,

le peigne et le fer à friser, ne fût jamais parvenu à faire un nœud aussi parfait avec ces poils et ce bout de ficelle; » nous sûmes bientôt quelle était l'intention de ce misérable courtisan.

Pendant l'opération qu'on lui avait faite, Asaph avait deux ou trois fois rouvert les yeux et poussé quelques cris inarticulés, mais le vin et l'eau-de-vie avaient produit un tel effet sur cet homme, qu'il ne pouvait plus ni se mouvoir, ni se défendre.

Le barbier avait fixé les deux bouts de la ficelle au bas du fauteuil sur lequel le vieillard était assis, et il avait tiré fortement de manière à assujétir la tête, sans s'inquiéter du supplice qu'il faisait endurer au pauvre homme.

Les danses continuaient toujours; les verres se vidaient et se remplissaient encore. Personne ne semblait faire attention à ce que l'on faisait au malheureux vieillard.

Le roi frappait des mains et applaudissait de toute sa force à la bonne plaisanterie de son favori. Asaph, les moustaches tirées par la ficelle, avait laissé retomber sa tête sur sa poitrine.

Le roi murmura encore quelques paroles à l'oreille de son favori, qui se leva et sortit de la salle du festin. Je demeurai convaincu que l'on allait encore commettre quelque infamie, et je fis un signe à mon ami, celui qui m'avait fait entrer à la cour de Nussir-u-Deen et qui, après le barbier, avait le plus d'influence sur l'esprit du roi.

Il avait compris ma pensée, et son regard m'apprit qu'il avait le même doute. Après quelques instants d'irrésolution, il se leva et dit au souverain d'une voix calme.

— Je vais délivrer l'oncle de Votre Majesté; ce qu'on lui a fait est cruel.

— Sortez d'ici, s'écria le roi enragé et hors de lui, jurant comme un païen et frappant sur la table à grands coups de poing. Quittez la salle, ôtez-vous de mes yeux. Ne suis-je donc pas maître dans mon palais? Sortez, et que tous ceux qui sont de votre avis quittent la salle avec vous.

Je me levai en adressant un profond salut au roi, et je suivis mon ami.

Vouloir résister eût été une chose impossible. Nous franchîmes donc la porte de la salle du festin et nous sortîmes ensemble.

On nous apprit plus tard ce qui s'était passé après notre départ.

Le barbier était revenu rapportant des pétards et autres feux d'artifice qu'il avait placés sous le fauteuil occupé par Asaph. Il y avait mis le feu, et les jambes du malheureux vieillard avaient été horriblement brûlées.

En se relevant alors, il avait emporté le fauteuil avec lui. La force de son élan et le poids du meuble avaient été tels, que les poils de sa moustache avaient été arrachés avec une portion de la peau de sa lèvre supérieure ; le sang avait jailli, et au même instant la souffrance avait suffi pour dissiper l'ivresse dans laquelle il était plongé.

Asaph avait quitté la salle du festin en remerciant le roi, son neveu, du plaisir qu'il lui avait donné et en s'excusant de *son saignement de nez*, qui l'empêchait de rester plus longtemps en sa compagnie.

Toutes ces paroles étaient de la politique. Asaph savait bien qu'il avait été fort mal traité, mais il était trop bon courtisan pour laisser percer son indignation.

Le roi riait plus fort que de coutume, mais tous les Européens observèrent le plus profond silence, le barbier seul excepté, et encore paraissait-il être tant soit peu alarmé du résultat de sa folle équipée.

La joie et le plaisir cessèrent ce jour-là à la table de Nussir-u-Deen, qui se retira de bonne heure dans son palais.

Mon ami et moi nous étions partis immédiatement pour Constantia, l'ancienne demeure du général Martin, destinée depuis sa mort à servir de caravansérail aux voyageurs.

C'était là seulement qu'on trouvait des chambres gratuites, mais il n'y avait aucun domestique pour nous servir. Il s'agissait de retenir une chambre, car nous avions habité jusque-là dans les résidences royales, et nous nous attendions à recevoir le lendemain un ordre exprès de quitter la cour de Luknow.

Il n'en fut rien cependant.

Les insultes faites par le roi à l'un des chefs de sa famille, finirent pourtant par attirer sur Nussir-u-Deen la haine de tous ceux qui lui étaient alliés.

Les amis des oncles et des cousins de Sa Majesté devinrent un sujet de crainte incessante pour les serviteurs du palais. Luknow était sens dessus dessous ; on en vint aux mains : les soldats du roi furent battus, et il se vit forcé de demander aide et secours au Résident anglais, espérant que les troupes de la Compagnie viendraient sur-le-champ à bout de cette horde rebelle.

Le Résident refusa de faire marcher sa petite armée; il adressa à Nussir-u-Deen des reproches sur sa conduite, lui conseilla d'entrer en arrangement avec sa famille, et s'offrit même à lui servir d'intermédiaire.

Après une semaine de troubles et de combats souvent terribles, tout fut arrangé ; on reprit au palais les habitudes ordinaires, et nous continuâmes notre service comme par le passé.

Quinze jours après ces événements, le barbier fut envoyé à Calcutta par le roi, avec la mission — autant qu'il m'en souvient — d'acheter de nouveaux lustres ou bien quelques tonnes de vin.

Le frère du barbier — récemment arrivé à Luknow — resta bien avec Nussir-u-Deen, mais il n'avait aucune influence sur le monarque. « C'est le moment ou jamais, pensâmes-nous tous, de détrôner le barbier. » C'était aussi l'avis de mon ami, qui, autrefois, avait été le conseiller favori de Nussir-u-Deen.

Il fut donc convenu qu'on ferait en sorte, en l'absence du Figaro, d'empêcher le roi de retomber dans ses mauvaises habitudes. Notre doyen représenta au souverain le tort moral et physique qu'il se faisait en s'enivrant, et Nussir-u-Deen écouta patiemment ces avis. Bien plus encore, il versa d'abondantes larmes.

— Vous avez raison, et j'ai tort, mon ami! mon bon ami! s'écria-t-il ; je suis un ivrogne, un misérable ivrogne, tous mes sujets le savent comme moi, mais aussi c'est la faute du Khan! Wallah! le coquin me fait donc faire ce qu'il veut!

Le roi, à la suite de nombreuses conférences avec son conseiller, promit qu'au retour du barbier celui-ci serait consigné dans sa demeure, qu'on ne l'admettrait plus au dîner royal, et qu'on lui retirerait les faveurs dont il avait joui jusqu'alors.

Nussir-u-Deen lui-même voulut nous faire part de sa résolution immédiate. Nous lui adressâmes tous nos félicitations en l'assurant qu'il y allait de son honneur, de sa dignité, de la gloire de son règne, et qui plus est (ce qui l'intéressait par dessus tout) de sa santé, de ne point faiblir dans une aussi bonne voie.

— Gentlemen, nous dit-il d'une voix convaincue, vous ne savez pas quelle est ma force de caractère : vous verrez que je tiendrai ma parole : comptez sur moi. Je veux montrer au Khan, — cet ignoble pourceau, qu'il ne me conduira plus désormais par le nez. Vous verrez! vous verrez! Allons, buvons un verre de Bordeaux.

Pendant toute la semaine qui s'écoula, depuis ces belles paroles, nous dînâmes tous ensemble à la table de Nussir-u-Deen, qui ne but jamais immodérément. La cour du royaume d'Oude paraissait devoir reprendre de la considération et redevenir morale.

Un matin, on nous apprit que le barbier était revenu pendant la nuit précédente à Luknow. Nous désirions tous apprendre si cela était vrai et quelles démarches il avait faites.

Le roi, à ce que l'on nous dit, l'avait reçu en audience particulière au point du jour. Chacun de nous se rendit exactement au lever de Nussir-u-Deen. Le barbier était là, tenant entre ses mains la tête du roi. Un sourire de triomphe se joua sur ses lèvres au moment où il nous vit entrer.

Il nous salua pourtant d'un air affable, et nous lui rendîmes son salut.

Le roi lui parla de Calcutta, l'interrogea sur les achats qu'il avait faits, sur le gouverneur général, la marine, les steamers, et le barbier répondit avec son laisser aller ordinaire.

— Je crois bien que le roi manque à sa parole, me glissa à l'oreille mon ami, au moment où nous remontions sur notre éléphant pour rentrer à notre domicile.

— S'il ne se souvient pas de ses promesses, lui répondis-je, nous ferons bien de nous apprêter à quitter Luknow.

— C'est mon avis, répliqua-t-il. Il nous serait impossible de rester ici plus longtemps, spectateurs d'un pareil état de choses. Aucun honnête homme ne pourrait supporter cette abjection.

Il fut convenu entre nous deux que si le barbier venait prendre sa place ordinaire à la table du roi, je resterais pour savoir ce qui se passerait, mais mon ami refuserait de s'asseoir en pareille compagnie.

Nous eûmes le soir même la conviction intime que le barbier avait repris son empire sur son maître, car nous l'aperçûmes donnant le bras à Nussir-u-Deen, lorsque nous nous présentâmes dans le salon qui précédait la salle à manger.

Mon ami quitta sur-le-champ le palais et rentra dans sa maison, sur l'autre rive du Goomty.

Nous autres, nous suivîmes le roi au dîner, comme à l'ordinaire. Nussir-u-Deen ne parut pas s'apercevoir de l'absence de son courtisan, jusqu'au moment où tous ses invités eussent pris place autour de la table.

— Où est notre officier général? nous dit-il, alors.

— Il est rentré chez lui, sire, répondis-je d'une voix assurée.

— Ah! vraiment; mais c'est fort mal de sa part; qu'on l'envoie chercher.

On se hâta d'expédier un messager à la maison de mon ami, et pendant ce temps-là le dîner commença. Le barbier avait repris ses habitudes et ses fonctions auprès du souverain.

Le messager revint une demi-heure après.

— Eh bien? fit le roi.

— Le Saheb m'a chargé de ses respects pour le Refuge du monde, répondit le *Kurkaru*, autrement dit le messager, il désire que Sa Majesté l'excuse de ne pas se rendre à son invitation.

— Par la barbe de mes pères ! je n'accepte pas son excuse. Retournez, chien que vous êtes, et dites-lui que je *veux* qu'il vienne.

Le serviteur fit un profond salut et sortit encore de l'appartement.

Au riz et au currie succédèrent des plats de viande plus substantiels. Leur fumet remplissait la salle du festin, lorsque le *Kurkaru* se présenta de nouveau devant le monarque.

— Eh bien? s'écria le roi d'une voix colère en voyant le *Kurkaru* faire un profond salut sans parler.

— Le Saheb m'a chargé de dire à l'Asile de l'Univers qu'il espérait ne pas être forcé à se présenter devant lui, et le Saheb a ajouté que Sa Majesté savait bien pour quelle raison il ne pouvait pas venir devant elle.

Cela dit, le messager releva la tête.

Nussir-u-Deen frappa violemment la table de sa fourchette, ce qui chez lui dénotait une grande colère.

— Retourne, misérable esclave ! s'écria-t-il avec véhémence, retourne auprès du Saheb, et tu lui diras que j'irai moi-même le chercher s'il ne vient pas avec toi. J'aime à croire qu'il ne me traitera pas, moi, d'une pareille sorte ! Eh ! grand Dieu ! pourquoi en agir ainsi? Pourquoi? Mais va donc, ver de terre, va donc !

Le *Kurkaru* reprit le même chemin pour la troisième fois. On plaça le dessert sur la table ; puis une troupe de marionnettes fut mise en mouvement devant le roi ; un instant après le messager reparut.

Mon ami, cette fois, arrivait avec le serviteur, qui se contenta d'indiquer au roi l'entrée de la porte par laquelle le Saheb entra dans la salle du festin.

— Venez donc, Yah-Hyder ! lui dit le roi aussitôt qu'il le vit, venez donc, mon ami, prenez place à mon côté, et buvez ce verre de vin. Certes, ce n'est pas sans peine que nous jouissons de votre présence. Allons, asseyez-vous sur ce siége vacant : là, bien près de moi.

— Que Votre Majesté daigne m'excuser, répliqua le Saheb ; j'ai eu l'honneur insigne de lui exposer que je ne voulais plus être près de Sa Majesté en compagnie de *cet homme*, ajouta-t-il en désignant le barbier.

— Bah! quelle sottise, mon ami! Asseyez-vous donc. Qu'on débouche pour nous une bouteille de Champagne.

Le roi fit de vaines avances au Saheb, qui répliqua d'une voix ferme qu'il était désolé de voir que Sa Majesté n'eût pas gardé meilleur souvenir de sa promesse.

— Boppery-Bopp! s'écria le souverain très-vexé d'être pris en faute. Quel mal vous me donnez-là! Et en disant ces paroles il se leva de table. Puis il ordonna au barbier, au capitaine de ses gardes et à mon ami de le suivre dans la salle voisine.

Là on tint conseil, ou plutôt il y eut une conversation très-animée, dans laquelle chacun se défendit et accusa son voisin.

Le barbier se confia à la bonté du roi, tandis que le Saheb rappelait à Nussir-u-Deen la parole qu'il lui avait donnée.

Quant au capitaine des gardes, il cherchait à mettre le holà entre les deux partis.

Le monarque ne savait auquel entendre.

Enfin, en dernier ressort, il proposa à ses courtisans de rentrer dans la salle du festin, et de noyer leur querelle dans des flots de Champagne. Naturellement, mon ami refusa de consentir à ce moyen terme.

Ce fut alors que Nussir-u-Deen, voyant qu'il ne pouvait rien obtenir du Saheb, poussa un profond soupir, proféra quelques blasphèmes et s'empara du bras de son favori pour rentrer dans la salle du festin, suivi du capitaine des gardes.

Quant à mon ami, il se hâta de reprendre le chemin de son domicile.

— Enfin, il est parti! s'écria Nussir-u-Deen en jetant un regard sur nous tous.

— Oh! rien n'est plus facile que de trouver quelqu'un pour le remplacer, suggéra le favori au monarque dans l'embarras.

— Mais certainement! aussi, que le diable l'emporte! La contestation paraissait terminée; et cependant il n'en était rien. J'allais avoir mon tour.

Nussir-u-Deen m'adressa un regard prolongé, car il s'aperçut que je le regardais à mon tour. Il murmura quelques paroles inintelligibles, remplit un verre de vin et j'en fis autant de mon côté. Ses doigts entourèrent le pied du verre, tandis que ses yeux exprimaient une colère contenue. Je levai mon *tumbler* en disant à haute voix, suivant l'étiquette :

— Que Dieu bénisse Votre Majesté! Mais le roi ne me laissa pas achever.

Je le vis repousser son verre loin de lui, répandre le vin sur la nappe, tandis qu'il s'écriait d'une voix de tonnerre :

— Non, Monsieur, non ! je ne veux pas accepter votre santé, car vous êtes un ami de ce misérable.

— Hier encore Votre Majesté comptait Yah-Hyder au nombre de ses amis les plus dévoués, répondis-je, et j'ai aussi entendu le roi dire à mon compatriote qu'il l'estimait plus que personne au monde.

— Ecoutez! écoutez parler ce traître! hurla le monarque. Comment osez-vous me tenir un pareil langage?

— Votre Majesté aime les Anglais, répliquai-je, et mes compatriotes, aussi bien que moi, nous disons ce que nous pensons. Mais je vois que ma présence est désagréable au « Refuge du monde, » il ne me reste donc plus qu'à me retirer.

Je m'étais levé tout en parlant ainsi, et je m'avançais du côté de la porte.

J'entendis le roi jurer, sacrer et blasphémer, tout en frappant la table avec sa fourchette, tandis que je m'éloignais.

Le même soir, mon ami reçut l'ordre formel de quitter le palais royal de Luknow.

Le messager et ses aides avaient pour mission d'aider à son déménagement en jetant tout son mobilier par les fenêtres, au cas où il tarderait par trop à transporter ses meubles dans la rue.

Heureusement que le Nawab chargé de cet ordre craignait les Européens, et qu'au lieu d'user de violence il mit tout ses soins à être utile au Saheb. Mon ami fit transporter son mobilier et ses hardes à Constantia, où, comme on le sait, nous avions lui et moi retenu des logements.

Quant à moi, mon déménagement ne fut pas long à faire. Je n'avais ni femme, ni enfant, et ma garde-robe se composait de quelques malles et d'un tout petit nombre de meubles. Avant le lever du soleil qui suivit la soirée dont j'ai raconté toutes les phases, mon compatriote et moi nous étions installés à Constantia, sous la protection du Résident, qui avait signifié au Nawab qu'au cas où il nous serait fait le moindre mal, il l'en rendrait responsable.

Nous demeurâmes tranquillement ensemble pendant quelques jours à Constantia, puis lorsque tous nos préparatifs de départ eurent été achevés, nous nous embarquâmes certain matin sur le Goomty, dont les eaux nous portèrent dans celles du Gange.

Dix jours après nous étions à Calcutta.

Tel fut le dénouement de mon excursion à Luknow.

Je compléterai la fin de cette narration en racontant ce qu'il advint de Nussir-u-Deen et de son barbier.

Lors du voyage fait à Calcutta par le barbier, — voyage dont j'ai déjà parlé plus haut, — ce faquin avait manifesté l'intention de quitter les Indes.

Possesseur de grandes sommes d'argent confiées aux soins du directeur de la *Bahâdoor Kaompany*, — car il avait trop d'usage pour ne pas deviner que sa faveur ne pouvait pas être de longue durée, — il avait donc résolu de quitter le pays d'Oude avant de tomber dans la disgrâce de Nussir-u-Deen.

Sans doute le désir d'être informé de tout ce qui pourrait se tramer contre lui pendant son absence, avait engagé ce prudent Figaro à faire venir de Londres un de ses frères, et il l'avait installé à la cour de Luknow.

La réforme que nous avions espérée était connue dans le public, et le favori du roi qui comptait mettre son frère en son lieu et place, ne pensait pas qu'il advînt jamais que le monarque ne trouvât pas ce remplacement à son gré.

Dès qu'il nous sut éloignés de Luknow, le barbier régna plus despotiquement que jamais, et la licence la plus effrénée fut à l'ordre du jour dans le palais de Nussir-u-Deen.

On ne parla bientôt plus que de cette démoralisation sans pareille dans toute l'étendue de la péninsule hindoue.

La *Revue de Calcutta* elle-même ouvrit ses colonnes au récit de ces orgies sardanapalesques. « La conduite du roi de Luknow est telle, disait le rédacteur de l'article, que le Résident d'Oude, le colonel Lowe, se refuse à voir Nussir-u-Deen et à entretenir le moindre rapport avec son gouvernement. »

A vrai dire, le roi regrettait beaucoup le départ de ses deux Sahebs. Il s'aperçut bientôt que le barbier se moquait de lui, et l'exploitait d'une manière honteuse. Dans plusieurs occasions il reprocha à son favori d'être la cause du départ de ses meilleurs amis, deux hommes qui ne lui avaient jamais donné que d'excellents avis.

Figaro s'aperçut alors qu'Almaviva ne le considérait plus d'un œil favorable. Son frère n'avait pas fait un pas dans le chemin de la faveur royale, car Nussir-u-Deen avait deviné le projet de son favori, qui était d'entourer le souverain de gens à sa solde et entièrement dévoués à ses intérêts.

Il y avait entr'autres, parmi ces « séïdes » du barbier, un sommelier venu d'Europe (le *darogoh* de la cuisine), qui était à lui corps et âme. Les deux autres Anglais restés après nous à la cour de Luknow n'avaient plus de pouvoir.

Les seuls personnages en crédit étaient donc le barbier, son frère, et le sommelier en question.

Cet état de choses ne pouvait pas durer longtemps.

Le Résident anglais trouvait insupportables les désordres intérieurs du palais de Nussir-u-Deen, et chaque jour ou peu s'en faut, il croyait devoir se présenter devant le monarque pour lui exprimer son mécontentement.

Le roi n'osait trop se fâcher, mais il n'en était pas moins fort en colère.

Indubitablement il y avait dans le conseil du monarque, parmi les Nawabs indigènes, des gens qui s'aventuraient jusqu'à lui dire qu'il avait tort de conserver près de lui un homme aussi méprisable que le barbier.

— Vous avez éloigné les seuls bons conseillers qui se trouvaient à mes côtés, s'écria enfin Nussir-u-Deen, en s'adressant un jour en colère à son mignon, et vous vous imaginez peut-être que vous pouvez désormais agir à votre guise, et m'imposer encore votre personne, celles de votre frère et de votre ami le sommelier. M'est avis que vous vous apercevrez bientôt de votre erreur. Le Résident a grandement raison : vous êtes le mauvais génie qui a rendu ma vie insupportable et souillé mon palais.

Mons Figaro comme un cuistre qu'il était, — ressemblance commune entre lui et tous ceux de son espèce — comprit que son règne touchait à sa fin.

Il quitta certaine nuit Luknow et s'enfuit à Cawnpore; là seulement il se crut en sûreté, loin des effets de la colère royale.

Lorsque Nussir-u-Deen apprit la fuite de son favori, il expédia quelques-uns de ses officiers à la maison du barbier, fit jeter son frère en prison, et confisqua tous les biens de ce faquin de bas étage.

Sans la protection du Résident, le frère et le fils du barbier eussent été mis à mort, ils n'en restèrent pas moins au cachot et au secret pendant deux jours, jusqu'à ce que Nussir-u-Deen et son premier ministre eussent terminé l'œuvre de la confiscation, dont le montant s'éleva, à ce qu'on nous apprit, à une somme de dix mille livres sterling, un *lakh* de roupies.

Dès que le barbier eût été rejoint par sa femme et ses enfants, il s'embarqua pour l'Angleterre.

Nul ne pourrait dire quel était le chiffre des sommes qu'il emporta avec lui. On assurait cependant qu'il avait su *mettre de côté* une fortune de vingt-quatre lakhs de roupies, c'est-à-dire deux cent quarante mille livres sterling.

Une fois à Londres, maître Figaro se lança dans des spéculations qui furent heureuses. Il se fit successivement commerçant, distillateur et courtier à la Bourse ; puis il perdit de l'argent dans les chemins de fer.

La distillerie à la tête de laquelle il se trouvait, compléta sa ruine; car, en 1855, son nom fut inscrit parmi ceux des faillis de l'*Insolvent Court*, de Londres.

Nussir-u-Deen-Hyder, le Refuge et l'Asile du monde entier, ne survécut pas longtemps au renvoi de son cher ami le barbier anglais. Peu à peu les membres de sa famille réussirent à l'entourer de leurs créatures et quatre mois après le départ de son compagnon de débauches, le roi de Luknow était empoisonné le 25 mars 1857.

Un des oncles du souverain Nussir-u-Deen, celui qu'il avait si cruellement martyrisé lors de la scène décrite dans ce chapitre, lui succéda sur le trône d'Oude, et régna sans gloire, soumis aveuglément aux ordres de la Compagnie des Indes.

Son fils lui succéda.

FIN.

Limoges. — Imp. EUGÈNE ARDANT et Cie.

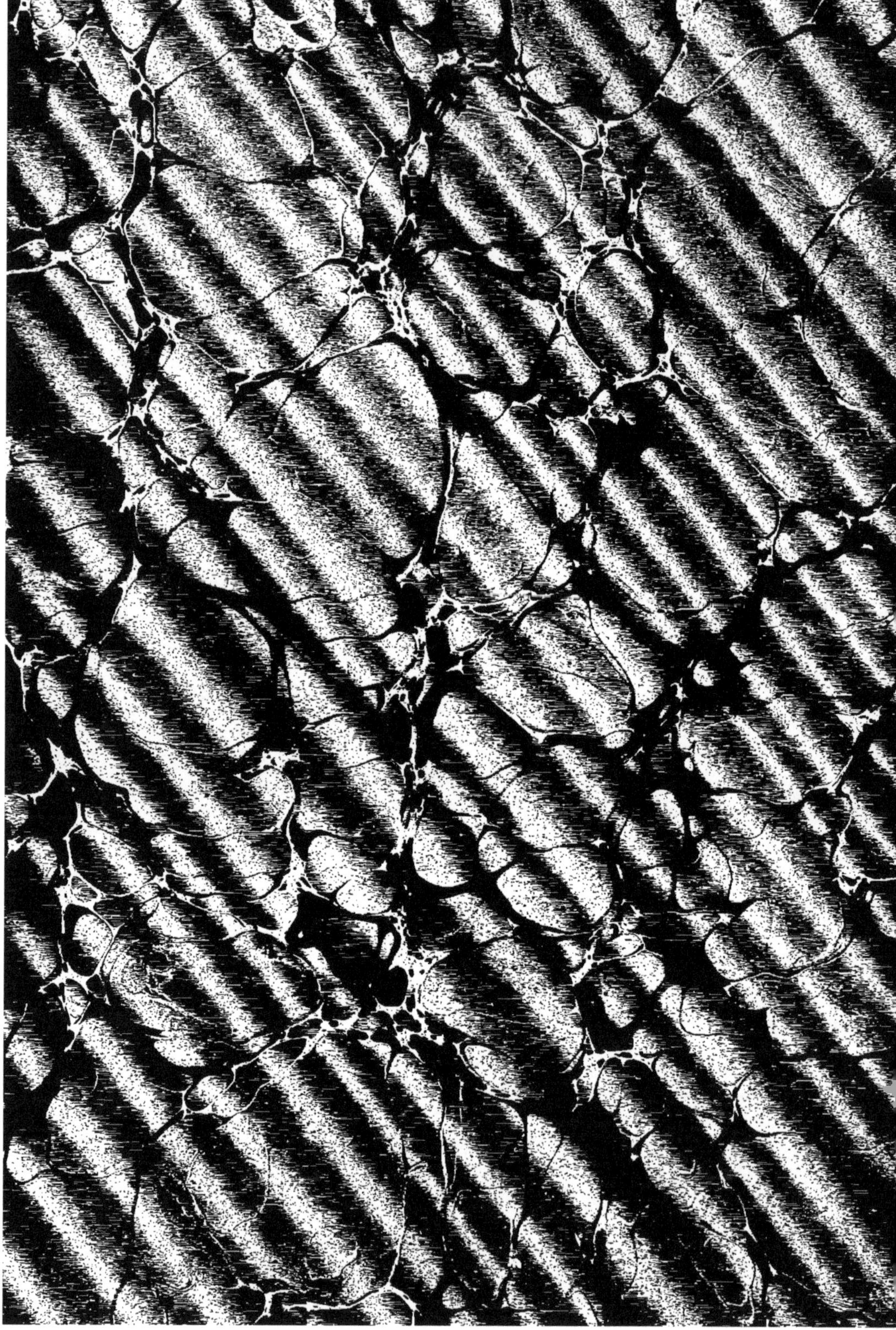

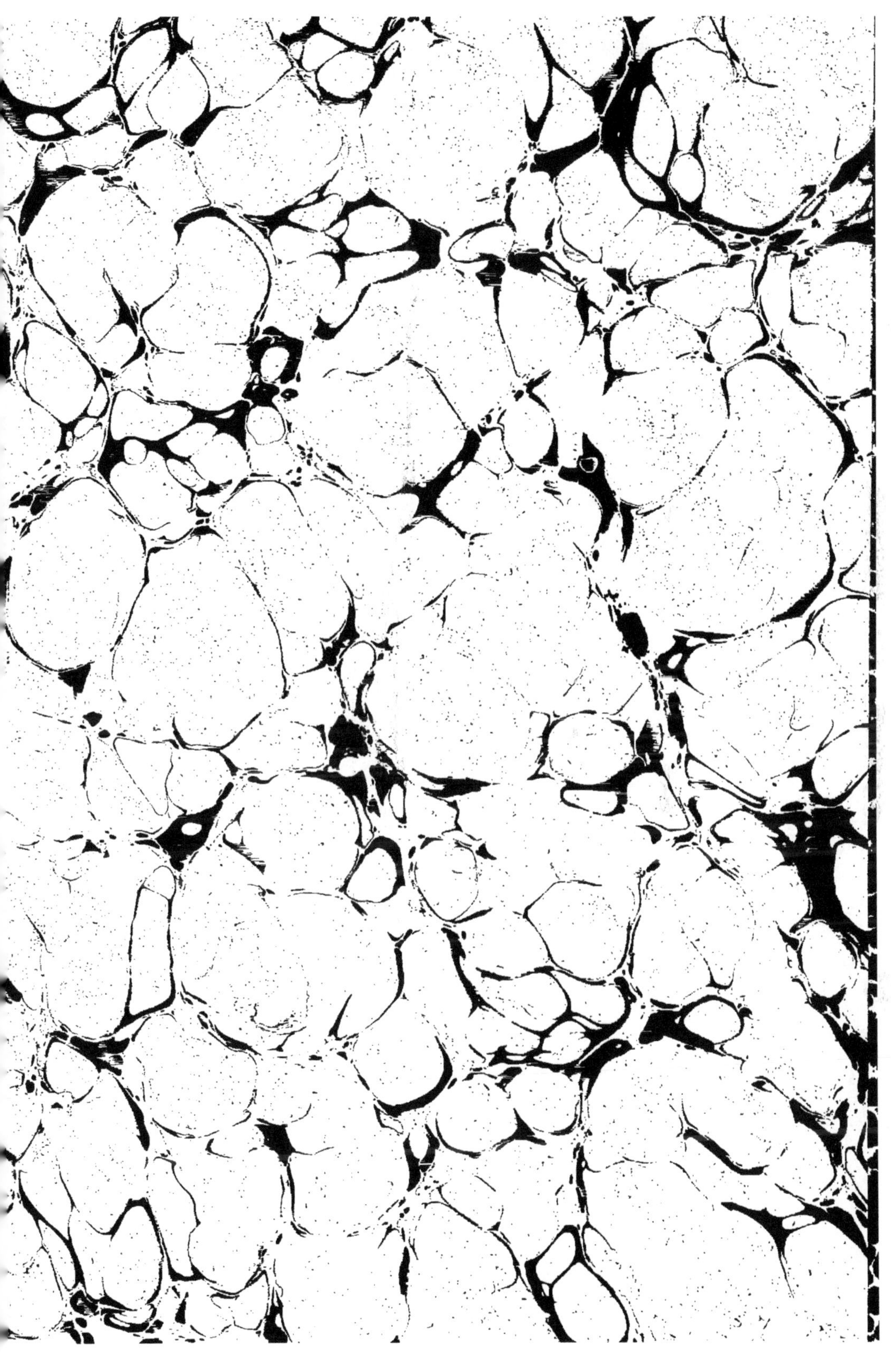

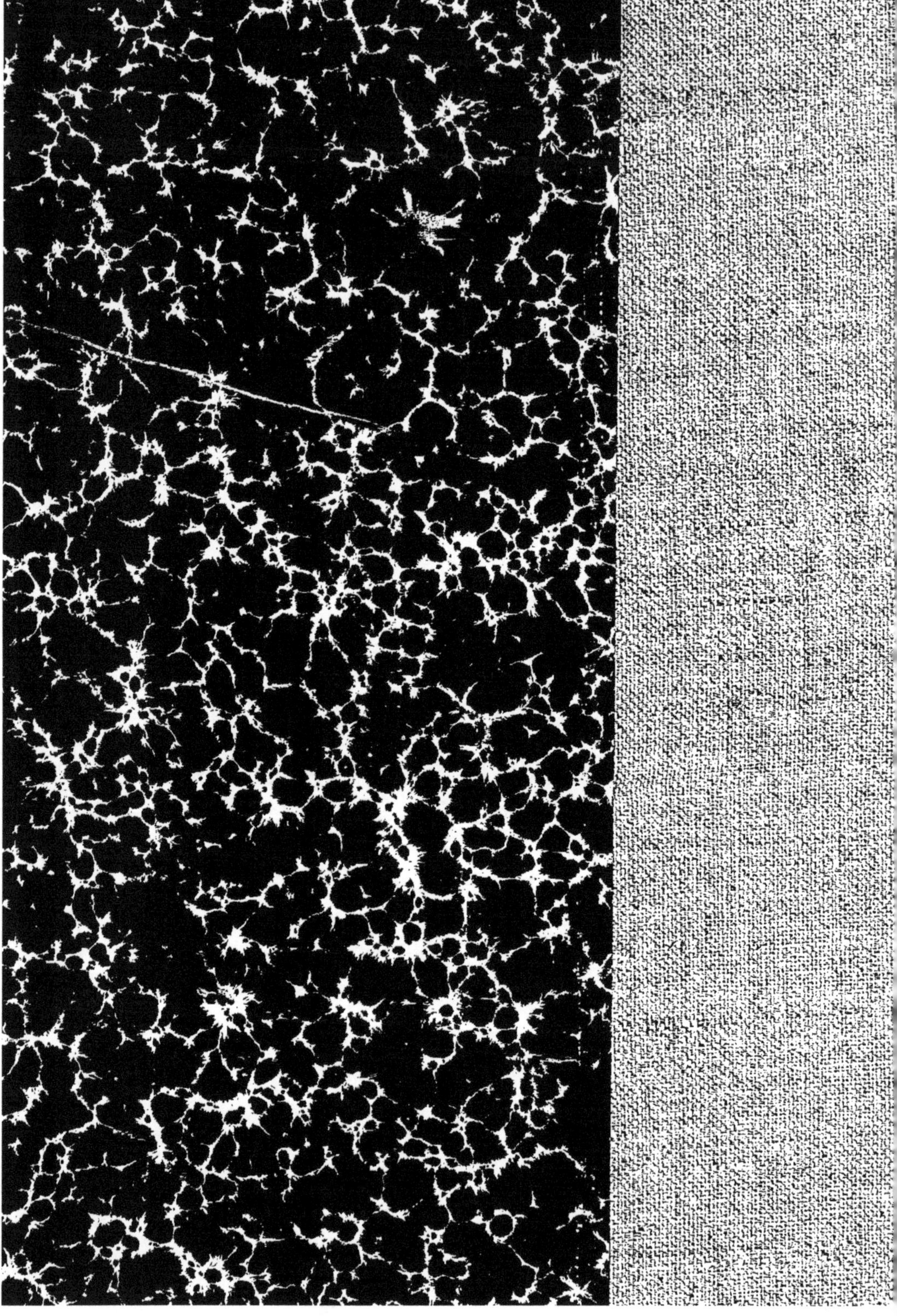

www.ingramcontent.com/pod-product-compliance
Ingram Content Group UK Ltd.
Pitfield, Milton Keynes, MK11 3LW, UK
UKHW021941200726
13856UKWH00005B/726